우리가
알고 싶은 **네모 속의 심리학**

일러두기

− 본문 하단의 각주는 옮긴이가 독자의 이해를 돕고자 달아둔 것입니다.

우리가 알고 싶은 **네모 속의 심리학**

PSYCHOLOGY SQUARED 03

2016년 12월 31일 초판 1쇄 발행

지은이 | 크리스토퍼 스털링 · 대니얼 프링스

옮긴이 | 최인화

펴낸곳 | 도서출판 이새

펴낸이 | 임진택

책임편집 | 남미은

출판등록 | 제2015-000223호

등록일자 | 2015년 07월 21일

주소 | 서울시 마포구 월드컵북로 400 문화콘텐츠센터 5층 4호

전화 | 02-305-6200, 070-4275-5802(팩스)

이메일 | info@isaebooks.com

홈페이지 | www.isaebooks.com

ISBN | 979-11-956236-8-6 04400

　　　979-11-956236-5-5 04400(세트)

- 잘못된 책은 구입하신 서점에서 바꾸어드립니다.
- 가격은 뒤표지에 있습니다.
- 도서출판 이새는 독자 여러분들의 소중한 아이디어와 원고 투고를 기다리고 있습니다.
  원고가 있으신 분은 info@isaebooks.com으로 간단한 개요와 취지, 연락처 등을 보내주세요.

이 도서의 국립중앙도서관 출판예정도서목록(CIP)은 서지정보유통지원시스템
홈페이지(http://seoji.nl.go.kr)와 국가자료공동목록시스템(http://www.nl.go.kr/kolisnet)에서
이용하실 수 있습니다. (CIP제어번호 : 2016023133)

PSYCHOLOGY SQUARED | 03

우리가 알고 싶은 네모 속의 심리학

크리스토퍼 스털링 · 대니얼 프링스 지음 | 최인화 옮김

Psychology Squared : 100 Concepts you should know

First published in the UK in 2016 by
Apple Press
74-77 White Lion Street
London N1 9PF
United Kingdom

www.apple-press.com

Cover image courtesy of http://thegraphicsfairy.com

차례

들어가며

마음에 대한 인간의 관심은 1,000년 전 고대 중국부터 인도와 페르시아 그리고 이집트와 그리스까지 거슬러 올라간다. 애초 인간의 비정상적인 행동의 원인과 그에 따른 결과를 이해하고자 시작된 관심이 고대 그리스에서 명백한 학문 분야로 발전했다.

연구 대상으로부터 직접 정보를 수집해 결과를 철저히 분석하는 것을 강조하는 오늘날의 현대심리학은 1880년대 라이프치히에 소재했던 빌헬름 분트(Wilhelm Wundt)의 실험심리학연구소에서 시작되었다. 이러한 관심은 20세기에 이르러 유럽의 다른 지역은 물론 북미까지 급속하게 전파되었다.

이 책의 목적은 오늘날 심리학자들이 인간의 생각과 행동에 대해 알고 있는 바를 대략적으로 제시하는 것이다. 독자들이 내용을 더 잘 이해하도록 본문을 열 장(章)으로 나누었다. 첫 장에서 본성과 (출생 후) 양육의 상대적 영향력 및 심리학의 연구윤리 같은 맥락에 따른 주제로 시작해 마지막 장에서는 심리학이 인간의 삶을 발전시키는 데 어떤 도움을 줄 수 있는지 살피는 것으로 마무리한다. 첫 장과 마지막 장 사이 여러 장에 걸쳐 생애주기에 따른 인간발달의 진행, 인간이 어떻게 감각과 추리의 힘을 사용해 세상을 이해하는지, 그리고 사람들이 사회적·감정적으로 가장 적합하게 관계 맺는 방식 등을 다룬다.

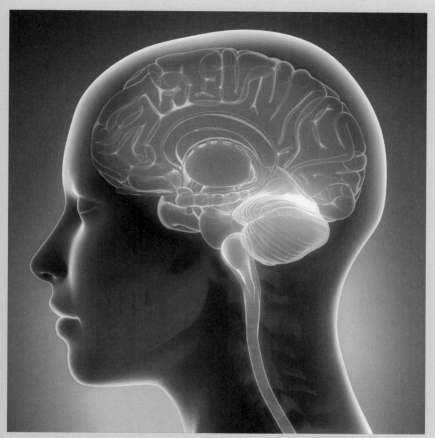

인간의 뇌. 마음의 물리적 자리이며, 우리가 아는 한 우주에서
가장 뛰어난 기술을 보여주는 작품이다.

각 장은 열 개의 핵심 주제로 구성된다. 예를 들어, 사회적 행동에 관한 장에서는 태도, 동조, 사회정체성을 다루고, 동기와 감정 및 스트레스를 다루는 장에서는 인간을 움직이는 욕구와 분노와 사랑의 감정 그리고 스트레스가 우리에게 미치는 영향을 살핀다. 각 주제에 대한 소개와 함께 본문에서 제시된 정보를 확장하고 명확히 하고자 쉬운 용어와 그림으로 주요 내용을 요약하여 제시한다.

우리 저자들이 그랬던 것처럼, 독자들 역시 이 책의 다양한 내용에 매료될 수 있기를 바란다. 만약 인간이 어떤 행동을 하는 이유가 무엇인지에 관심이 있는 독자라면, 이 책에서 그 호기심을 충족시키고 또 새로운 호기심을 자극할 만한 내용을 많이 만날 수 있을 것이다. 두뇌와 행동 사이의 관계가 궁금한 독자 역시 그 관심을 자극할 만한 많은 내용을 찾을 수 있을 것이다. 또 심리학이 보다 광범위한 문제에 미치는 영향을 알고 싶다면, 집단 간의 접촉과 정신건강을 다루는 장을 찾아보기 바란다.

지난 100년은 지각과 기억에 관한 간단한 실험부터 컴퓨터를 이용한 모의실험(computer simulations), 뇌 스캔, 발달심리학, 그리고 사회심리학과 인지심리학의 연구 문제에 대한 답을 찾기 위한 정교한 통계까지, 심리학 지식이 폭발적으로 증가한 시기였다. 그럼에도 불구하고 아직 갈 길은 멀다. 이제 겨우 우리가 알아야 할 것이 무엇인가를 알 만한 단계에 도달했을 뿐이다.

크리스토퍼 스털링과 대니얼 프링스

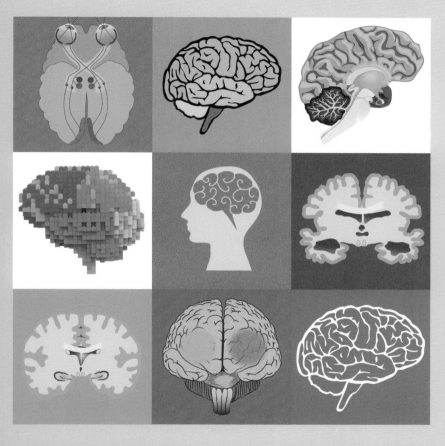

마음의 모듈성, 뇌 해부학, 자폐증, 마음의 구조, 과학적 방법, 알츠하이머병, 건강한 뇌, 뇌 가소성, 생물학적 영향(왼쪽 상단부터 오른쪽 하단까지) 등이 이 책에서 다루는 주제다.

맥락으로
이해하는 심리학

1

'심리학(psychology)'이라고 하면 많은 사람이 대체로 정신과 의사(shrink)를 상상한다. 진료실과 긴 소파, 책과 진료차트가 떠오를 것이다. 나중에 다루겠지만, 정신과 치료도 심리학의 한 부분인 것은 분명하다. 그러나 심리학은 훨씬 더 포괄적인 학문이며 실용적 적용과 함께, 보다 방대한 이론적 발전 또한 포함한다.

고대 이집트는 물론 페르시아와 그리스, 중국 그리고 인도 등 세계 곳곳에서 학자들은 오래전부터 지금까지 인간의 생각과 행동이 무엇에 의해 그리고 어떤 식으로 결정되는지 지속적으로 연구해왔다. 그러나 과학적 학문으로서 심리학이 발달하기 시작한 것은 비교적 최근의 일이다.

심리학은 다른 다양한 학문에 기반을 둔 새로운 이론을 받아들이고 있는데, 생물학·컴퓨터과학·언어학·철학 등이 대표적 예다. 이처럼 심리학은 다루는 범위가 넓기 때문에 그에 따른 장점 혹은 긴장이 이 책 전반에서 나타날 것이다. 과학적 방법과 학문 간 융합을 다루는 장에서는 더더욱 그러할 것이다.

심리학은 진공 속에 존재하는 학문이 아니라는 사실을 기억하는 것이 중요하다. 역사적 사건 역시 심리학에 중요한 역할을 한다. 예를 들어 제2차 세계대전 같은 대규모 사건이 끼친 영향을 과소평가해서는 안 된다. 또 우리는 '윤리적' 연구와 '비윤리적' 연구를 판단하는 근거가 무엇인지 논의한다. 심리학을 이해하고 연구하는 데 가장 적합한 방법이 무엇인지도 고려해본다. 실험을 기초로 한 양적(quantitative) 접근이 최선의 방법인가? 아니면 논의에 기반을 둔 질적(qualitative) 접근이 더 나은 결과를 가져다줄 것인가?

아마도 이 장에서 다루는 것 중 가장 근본적인 주제는 자유의지와 의식의 문제일 것이다. 우리의 행동은 과연 얼마나 자동적일까? 타고난 기질은 얼마나 큰 영향을 미칠까? 또 환경은 우리 행동에 어떤 영향을 미치는 것일까?

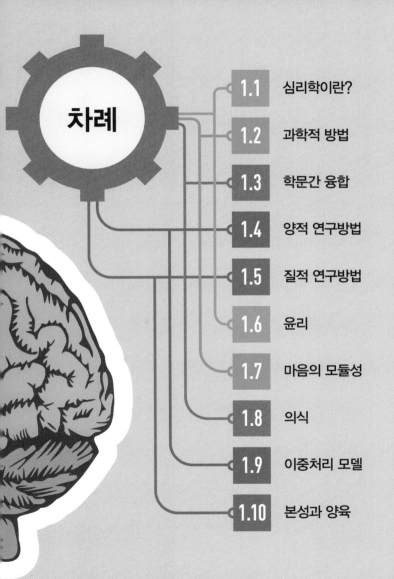

1.1 심리학이란?

심리학은 인간의 행동을 연구한다. 심리학의 목적은 무엇이 우리를 움직이는지 밝히는 것이다. 그런데 우리가 이런 물음에 관심을 가져야 하는 이유는 무엇일까?

심리학자들은 사람들이 행동하는 방식, 즉 서로 다른 상황과 조건에서 사람들이 어떻게 반응하는지 연구한다. 이를 통해 인간의 행동에 영향을 미치는 정신적 과정을 더 깊이 알려고 하는 것이다. 한마디로 심리학자들은 우리의 생각을 알고 싶어한다.

심리학에 접근하는 방법은 다양하다. 한동안은 **행동주의** (behaviourism)가 지배적 접근법이었다. 행동주의는 자극(특정한 사건)과 보상 혹은 처벌 같은 반응(특정 사건에 뒤따르는 결과) 간의 연결을 통해 행동이 학습된다는 데 초점을 맞추었다. 오늘날에는 **인지** (cognitive) 접근법이 주를 이룬다. 심리학자들은 자극–반응 관계에서 정말 흥미로운 부분은 '정보 처리'라고 주장한다. 생각은 어떻게 우리의 자동적인 반응을 이끌어내는 것일까? 그리고 생각을 형성하는 과정에서 기억이 맡은 역할은 무엇일까?

심리학자들은 이런 과정에 대한 이해를 바탕으로 사람들이 자신의 정신적 삶을 이해하고 더 낫게 만드는 데 도움을 줄 수 있다. 이를 위해, 심리학자들은 인사 담당 부서나 정신질환 치료 및 아동발달 분야 등 다양한 영역의 사람들과 긴밀한 관계를 맺으며 일을 해나간다.

영국에서 '공인심리학자 (registered psychologist)' 와 '임상심리학자(practitioner psychologist)'라는 명칭은 법적 허가를 받은 사람만 쓸 수 있다.

이 책에서 우리는 심리학 분야의 100가지 주요 개념을 알기 쉽게 설명한다. 우리는 일상적 삶의 제반 영역에서 인간의 행동에 관한 연구가 왜 그리고 얼마나 근본적 중요성을 갖는지 보여줌으로써 심리학에 대한 더 깊은 통찰을 제공하고자 한다.

"무엇이 보이십니까?"

1920년대에 고안된 로르샤흐 검사(Rorschach inkblot test)는 사람들이 좌우로 거의 대칭되는 일련의 추상적 이미지를 각자 어떻게 해석하는지 살펴본다. 심리학자들은 그 결과를 바탕으로 그 사람의 성격을 평가한다.

1.2 과학적 방법

심리학은 다른 과학과 밀접한 관계를 맺어왔으며, 지식의 확장을 위해 과학적 방법에 크게 의존한다.

다양한 학문 분야가 인간행동에 관심을 갖는다. 문학적 분석은 인간의 상태에 대한 매혹적이고도 깊은 통찰을 제공한다. 사회학과 인문지리학은 사회가 어떻게 형성되고 상호작용하는지, 그리고 사람들이 자신이 속한 환경에 어떻게 적응하는지 알려준다. 역사학은 1,000년이 넘도록 이러한 발달의 자취를 쫓아왔다.

심리학은 다음 측면에서 여타 학문 분야와 매우 다르다. 무엇보다 심리학은 매일매일 사람들을 직접 상대한다. 사람들이 하는 일에 대한 정보를 체계적으로 직접 수집하며 객관성과 검증을 무엇보다 중요시한다. 또한 자료를 수집, 분석, 해석하는 과정에서 심리학자 개인의 의견이나 이론이 개입할 여지가 없다. 조사의 신뢰성을 확보하려면 상호 관련성이 없는 다른 연구자가 동일한 방법을 사용했을 때 정확히 일치하는 결과가 나와야 한다. 마지막으로, 연구의 타당성을 지키기 위해 연구방법, 이론적 근거, 해석에 대한 철저한 검증에 대해 열려 있어야 한다. 이 모든 사항이 심리학이 지식 기반을 넓히기 위해 **과학적 방법**(scientific method)에 크게 의존하고 있음을 보여준다.

심리학이 지닌 과학적 본질은 부정하기 어렵다. 심리학은 생물학에 깊이 뿌리를 내리고 있으며, 의학이나 사회과학과도 긴밀한 관계를 유지하고 있다(17쪽 참조). 이러한 관계의 장점은 그 관계들이 상호적이라는 사실이다. 심리학의 여러 측면이 다른 학문으로부터 영향을 받고, 심리학 또한 다른 학문에 영향을 미친다.

플라시보란 그저 환자 자신의 기대감 때문에 진짜 치료와 동일한 효과를 얻을 수 있는 가짜 치료를 의미한다.

심리학과
여러 과학 분야

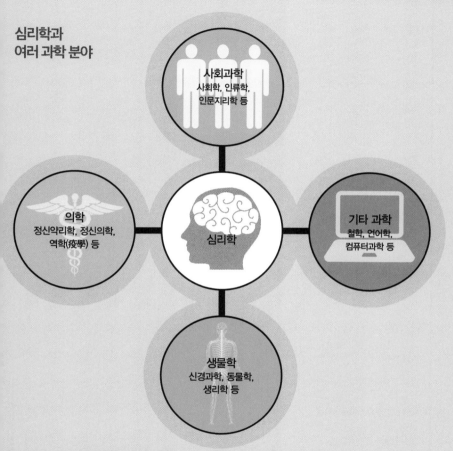

심리학과 다른 학문 분야의 관계. 심리학은 사회과학과의 연계를 통해 사람들이 서로서로 그리고 전체 사회와 더불어 어떤 식으로 관계를 맺는지 더 잘 이해할 수 있게 해준다.

1.3 학문 간 융합

심리학을 통해 얻은 지식 그 자체는 별 소용이 없다. 전체 맥락을 보다 잘 이해하려면 다른 학문 분야에서 나온 증거들과 결합되어야 한다.

심리학은 다른 학문 분야에서 진행된 관련 연구로 정보를 얻는다. 같은 질문을 던지더라도 학문에 따라 연구 방법이나 가설을 설정하는 방식이 종종 차이가 난다.

컴퓨터과학자 데이비드 마아(David Marr)가 시뮬레이션 모델로 입증한 사물 인식이 그 한 예다(5.2 참조). 이 모델은 데이비드 허블(David Hubel)과 토르스튼 위즐(Torsten Wiesel) 그리고 게슈탈트(Gestalt) 학파의 실험심리학에서 수집한 생리적 증거에 기반을 둔다. 실험심리학과 신경심리학 분야의 후속 연구는 사물과 얼굴이 서로 다른 방식으로 처리된다는 사실을 밝혀냈다. 뇌 스캔 자료는 이런 식으로 추정된 차이를 확실히하는 데 도움을 준다.

또 다른 사례는 언어와 관련된다. 언어학자와 철학자는 언어의 구조 및 언어를 통한 의미 전달을 연구한다. 반면 심리학자들은 인간이 어떻게 언어를 배우고 사용하는지를 행동실험으로 알려주며, 뇌의 전기적 활동 연구를 통해 수집한 증거를 가지고 이를 뒷받침한다. 동물학자와 심리언어학자, 동물행동주의학자들의 연구를 함께 결합할 때 우리는 인간의 언어에 관해 그리고 그것이 다른 동물들의 의사소통 체계와 어떻게 연관되는지에 관해 온전히 이해할 수 있게 된다.

자기공명영상(MRI)을 이용한 뇌 스캔은 뇌의 구조적 손상과 활동에 대한 영상을 실시간으로 제공한다.

다양한 학문 분야에서 수집된 증거를 활용하면 우리가 이해한 것이 옳다는 확신을 더욱 분명히 할 수 있다. 학문 간의 이런 결합을 **학문 융합**(disciplinary convergence)이라 부른다.

다학문적 접근법

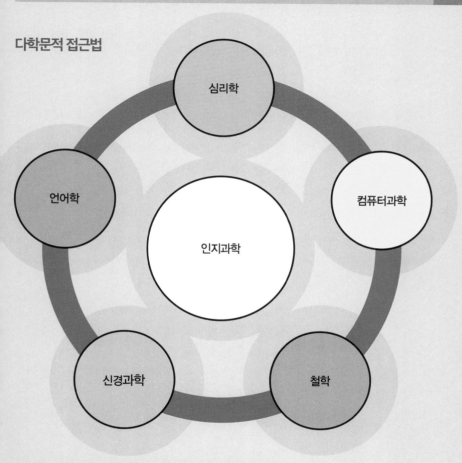

인지과학의 하위 학문 분야는 학문 간 융합의 예를 보여준다. 인지과학은 심리학자와 신경과학자, 철학자, 언어학자 그리고 컴퓨터과학자 간의 공동 연구다.

1.4 양적 연구방법

우리는 종종 설문조사와 실험으로 얻어낸 결과를 철저히 분석해 인간행동을 유발한 원인을 밝혀낸다.

양적 연구방법(quantitative methods)에서는 이런 질문을 던진다. "어떤 행동의 원인 또는 어떤 행동을 예측하게 만드는 요인은 무엇인가?" 이 질문은 자동차 운전에서 언어 발달까지 어디에나 적용할 수 있다. 양적 연구방법의 핵심 특징은 운전 중 범한 실수의 횟수나 아동들이 쓰는 단어의 수처럼 관찰한 사항을 반드시 **수량화**(quantifiable)할 수 있어야 한다는 것이다.

여기서 실험은 어떤 질문에 대한 답을 찾는 데 도움이 되는데, 특히 하나 혹은 그 이상의 요인을 조작할 때 더욱 그렇다. 예를 들어, 여러 집단의 구성원들에게 서로 다른 양의 알코올을 제공한 후 모의 운전을 시키고 실수하는 횟수를 비교한다. 이런 실험 연구방법의 큰 장점은 문제의 원인을 밝혀낼 때 발휘된다. 만약 알코올 섭취량이 늘어나면서 실수도 더불어 늘어난다면, 알코올이 운전 능력 저하의 원인이라고 결론 내릴 수 있다.

실용적 혹은 윤리적 이유로 실험을 할 수 없을 때도 있다. 이런 경우 상관관계 연구방법(correlational methods)이 더 적합할 수 있다. 알코올 중독을 예측하는 생애 요인을 밝혀내고 싶다고 하자. 우리는 사람들의 알코올 섭취량을 조사하고 당연히 스트레스와 주급(週給), 음주 문제 등과의 관계도 고려할 것이다. 통계를 사용해 어떤 요인이 가장 적절한 예측 변수인지 밝혀낸다.

무굴제국의 황제 아크바르(Akbar, 1542~1605)는 아이들에게 말을 들려주지 않는 실험을 해보았다. 이 실험에서 아이들은 언어가 아닌 신호를 사용했다.

실험과 같은 양적 연구방법과 달리, 상관관계 연구방법으로는 실제 원인이 아닌 그저 가능성만을 알아낼 수 있다. 그럼에도 불구하고 두 가지 모두가 심리학자에게는 매우 유용한 도구다.

양적 연구방법의 결과

이 분석은 집단마다 다른 처치를 한 후 그 결과를 비교하는 것으로, 여기에서는 서로 다른 양의 알코올 섭취가 운전 능력에 미치는 효과를 비교한다.

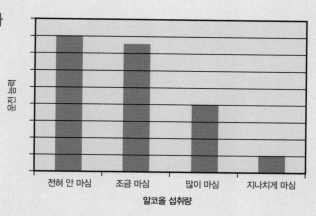

이 분석은 생활 속의 스트레스 수준과 주간 알코올 소비량 간의 상관관계를 살펴본다.

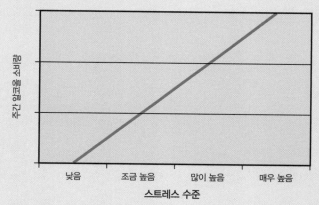

위 그래프는 두 유형의 양적 연구방법의 결과를 제시한다. 그 결과는 적어도 95% 신뢰도라는 통계적 요건을 충족시켜야 한다. 이 요건을 충족시키지 못하는 결과는 받아들여지지 않는다.

1.5 질적 연구방법

질적 연구방법을 쓰는 심리학자에 따르면 행동을 분석할 때는 어떤 말을 하는지도 중요하지만 어떻게 말하는지도 중요하다.

양적 연구방법이 심리학의 상당 부분을 차지하기는 하지만(1.4 참조), 그것이 유일한 접근법은 아니다. 질적 연구방법은 면담과 같이 풍부한 자료를 얻을 수 있는 방법에 주안점을 두며 개인의 경험을 '지금 여기'의 시점에서 이해하고자 시도한다.

질적 연구방법을 쓰는 심리학자들은 양적 연구방법을 쓰는 연구자들과는 다른 관점에서 심리학 연구에 접근한다. 이들은 **실증주의** (positivism) 관점, 즉 '실제'는 알 수 있는 것이며 과학적으로 관찰이 가능하다는 관점을 거부한다. 대신 그들은 '이해'라는 개념을 포스트모던적 관점으로 바라본다. 그들은 모든 자료, 특히 언어에 대해 실제 그 자체가 아닌 실제의 반영으로 여긴다. 따라서 질적 접근을 하는 연구자들은 어떤 자료나 생각도 다양한 해석이 가능하다고 여긴다.

이들은 모든 지식은 사회적 상호작용의 결과이며, 역사에 따른 제약을 받고, 그것을 설명하는 언어에도 영향을 받는다고 주장한다. 질적 연구방법의 하나인 담화분석은 사람들이 무엇을 그리고 어떻게 말했는지에 초점을 맞춘다. 담화에 나타난 문화적 연관성, 사용된 원형, 그리고 단순해 보이는 문구나 몸짓 뒤에 있는 심층적 의미를 분석함으로써 보다 넓은 사회적 주제와 연계시킨다.

근거이론(grounded theory)은 반복되는 주제, 그리고 이 주제들이 기존의 행동 관련 이론에 어떤 통찰력을 제공하는지를 주시한다.

질적 연구를 하는 심리학이 언어와 면담에 주안점을 두고 있어 양적 연구와 상충되는 것처럼 보일 수도 있다. 그러나 많은 연구자가 두 연구방법을 모두 사용한다. 문제의 적정 수준에 맞는 도구를 사용하는 것이다.

포커스 그룹

1960년대에는 근거이론 같은 심리학 초기의 질적 연구방법이 관심을 끌었다. 이 연구방법에서 자료를 얻는 데 썼던 일대일 면담이나 포커스 집단 면접은 지금도 여전히 사용된다.

1.6 윤리

심리학자들은 상담실은
물론 연구실에서도 엄격한
행동수칙을 지켜야 한다.

심리학자들을 위한 윤리 규정이 있다. 미국에서는 미국심리학회 (American Psychological Associate), 영국에서는 영국심리학회(British Psychological Society)가 제정했다.

행동강령은 나라마다 다르지만, 일반적으로 다음 원칙에 바탕을 둔다.

- 존중: 모두의 존엄성과 가치를 인정한다.
- 역량: 역량에 맞는 일만 해야 하며, 역량의 유지와 개발을 중시한다.
- 책임감: 내담자와 일반 대중, 자신의 직업과 학문에 대해 책임감을 갖는다.
- 진실성: 다른 사람들을 정직하고 정확하며 공정하게 대한다.

연구에서 중요한 원칙은 다음과 같다.
- 자율성과 사생활 그리고 존엄성에 대한 존중.
- 과학적 진실성.
- 사회적 책임감.
- 이득은 극대화하고 위해(harm)는 최소화할 의무.

일반적으로 인간이나 동물을 대상으로 실시되는 연구는 윤리위원회[영국에서는 연구윤리위원회(REC; Research Ethics Committee)로 알려져 있음]의 심의를 받는다. 이런 기관이 관여함으로써 위에 언급된 원칙을 준수하는 연구만 시행될 수 있도록 한다.

연구지침은 일정 부분
〈헬싱키 선언〉(1964)* 같은
국제적 연구표준에 근거한다.

* 세계의사회가 규정한 윤리 강령. 인체를 대상으로 한 의학 연구에서 지켜야 할 원칙을 담고 있다.

의학계를 위해 만들어진 〈헬싱키 선언〉은 인간 연구를 위한 윤리 원칙을 제시한다. 인간을 대상으로 삼았던 매우 비윤리적인 연구들이 뉘른베르크 재판 과정(1945~1946)에서 밝혀졌는데, 이 재판의 결과가 연구윤리의 등장에 어느 정도 기여했다.

1.7 마음의 모듈성

뇌는 '끊임없이 상호작용하는 독립된 체계들의 집합체'일 것이다.

우리가 생각하기에 기억, 언어, 지각 등의 과정은 피상적 수준에서도 서로 구별된다. 마음의 모듈성(modularity of mind)이란 이러한 과정이 실은 각각 독립적 모듈이라는 생각을 뜻하는 말이다. 상호 작용을 하기는 하지만, 이 모듈들은 각기 고유한 일련의 작동 과정을 갖는다는 것이 이 이론의 핵심이다(2.1 참조).

이런 주장을 뒷받침하는 증거가 있다. 예를 들어 뇌 손상을 입은 사람들을 대상으로 한 사례연구에서 지각 능력이나 언어 능력에는 아무런 손상을 입지 않았는데도 심각한 건망증을 보이는 경우가 있었다. 반대로 언어 능력은 손상되었지만 지각과 기억은 그대로인 사례도 있었다.

기억은 여러 하위 체계로 나뉠 수 있고, 각 하위 체계는 그 자체로 하나의 모듈이라고 할 수 있다(5.3 참조). 이와 유사하게, 언어 이해와 언어 산출도 서로 다른 모듈로 구분할 수 있다. 지각은 자연스럽게 시각 모듈과 청각 모듈로 나뉜다.

어떤 뇌 손상은 생명이 없는 것에 대한 지식은 잃게 하지만 생명이 있는 것에 대한 지식은 그대로 남겨두는데, 그 반대의 경우도 생길 수 있다. 이는 뇌가 모듈로 조직되었음을 시사한다.

우리의 기능이 온전히 작동하도록 하기 위해 모듈화되지 않은 어떤 과정이 모듈과 모듈을 가로질러 작동한다. 예컨대 주의 집중은 언어를 이해하고 기억하는 데 모두 필요하다. 마찬가지로, 실행 기능(executive function)도 계획 수립, 과제 전환, 그리고 과제 수행에 대한 관찰과 평가에 관여한다(5.5 참조).

시각 투영 경로

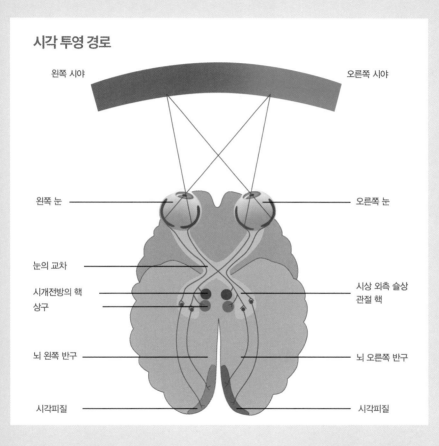

모듈화된 시각 체계의 요소들은 뇌 전체에 분포되어 있다. 눈을 통해 들어온
시각 정보는 외측 슬상을 통해 뇌의 양쪽 반구에 있는 시각피질로 전달된다.

1.8 의식

의식에 대한 연구는 여러 종류의 의식이 존재할 가능성을 드러낸다.

20세기의 행동주의자들은 의식을 행동 이해라는 진짜 과제에 방해가 된다면서 무시해버렸다. 그러나 신경심리학이 발견해낸 사실은 이 주제에 관한 새로운 실마리를 던져주었다. 뇌 손상을 입은 사람들을 연구해보면, 서로 다른 종류의 의식이 존재하는 것으로 보인다.

유명한 기억상실증 환자인 H. M.(1926~2008)처럼 심각한 기억상실에 걸린 사람들에 관한 연구에 의하면 그들은 자기 주변의 세상을 의식하고 있으며 그에 대해 이야기도 할 수 있다고 한다. 그들은 대화를 나눌 수 있으며, 모든 면에서 제대로 된 의식을 갖고 있다. 이런 종류의 의식을 **현상학적 의식**(phenomenological consciousness)이라고 한다. 그러나 H. M.과 같은 기억상실증 환자는 자신의 기억을 적극적으로 탐색하는 능력은 부족하다. 이와 유사하게, 전두엽에 손상을 입은 사람들도 적극적으로 목표를 설정해 이를 달성하기 위한 행동 계획을 세우며 진행 상황을 점검하는 데 어려움을 겪는 것으로 보인다. 이러한 유형의 결핍은 다른 종류의, 말하자면 보다 적극적인 종류의 의식이 있음을 시사한다.

건망증으로 인해 언제나 직접 당면한 순간만을 살고 있는 사람은 하루 종일 자신이 방금 잠에서 깨어났다고 믿는다.

고도로 숙달되어 거의 무의식적으로 수행하는 일에서는 현상학적 의식이 꼭 필요하지는 않은 것으로 보인다. 그래서 우리는 아침에 아무 계획도 세우지 않은 상태에서 문제없이 직장에 출근하고, 때로는 중간에 무슨 일이 있었는지 의식하지 못한 채 직장에 도착해 있기도 한다. 반대로, 만약 중간에 교통사고가 났다면 우리는 새로운 경로를 계획하기 위해 보다 활동적인 유형의 의식을 필요로 했을 것이다.

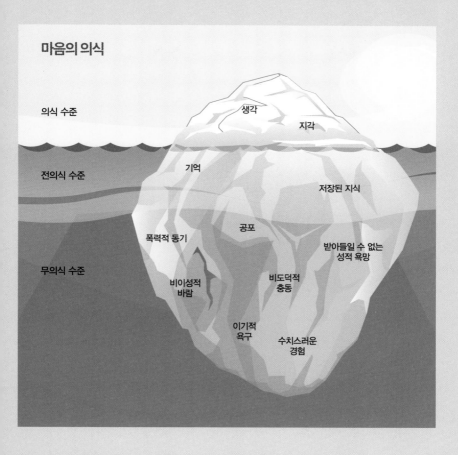

마음의 의식

의식 수준

생각

지각

전의식 수준

기억

저장된 지식

무의식 수준

폭력적 동기

공포

받아들일 수 없는
성적 욕망

비이성적
바람

비도덕적
충동

이기적
욕구

수치스러운
경험

프로이트의 정신 모델에서 의식, 전의식, 무의식. 각 의식 유형은 인식과
행동에 미치는 영향 그리고 접근 가능성의 수준(level)을 나타낸다.

1.9 이중처리 모델

우리가 내리는 모든 결정은 의식적인가? 아니면 그냥 자동적인가?

이중처리 모델(Dual-process model)은 어떤 것을 처리하는 과정이 서로 다른 경로나 방법으로 진행될 수 있음을 보여준다. 심리학에서 이런 경우는 행동이 반영적 경로(reflective route) 아니면 자동 경로(automatic route)로, 혹은 이 두 가지 모두에 영향받을 때 발견된다.

반영적 경로란 의식적 사고를 말하며 상대적으로 느린 것이 특징이다. 자동 경로는 무의식적이며 상대적으로 빠르다. 이는 종종 **암묵적 처리**(implicit processing)라 불린다. 예를 들어 우리는 다른 인종적 배경을 가진 사람들에 대한 태도를 명시적으로 견지할 수 있다. 분명한 생각을 가질 수 있고 드러낼 수 있는 것이다. 아니면 좋고 나쁨과 같은 가치 개념 혹은 검은색과 흰색 같은 범주 표시를 연상함으로써 그런 태도를 암묵적으로 견지할 수 있다.

자동적 처리(Automatic processes)는 편견의 영향을 받을 수 있다. 존 바흐(John Bargh) 같은 과학자의 연구는 한 영역에서 형성된 개념이 그와 무관한 다른 영역에도 영향을 미칠 수 있음을 보여준다. 예를 들어 따뜻한 커피잔을 들고 있으면 누군가를 따뜻한 사람으로 평가할 가능성이 높다거나 노인과 관계된 단어들을 접하고 나면 더 느리게 걷게 된다는 것이다.

이중처리 모델은 우리가 의식적으로 행동하는 시간은 상당히 짧다는 사실을 보여준다.

이중처리 모델은 인지심리학과 사회심리학의 다양한 영역에 적용되고 있다. 이 책에서 다루는 이중처리 모델의 예로는 설득에 대한 개인의 민감성(4.4 참조), 편견 형성(4.3 참조) 그리고 태도 형성(4.1 참조) 등이 있다.

도넛에 대한 심사숙고

동일한 자극이나 상황이라도
우리가 사용하는 방식이
자동적인지 반영적인지에 따라
상이한 반응을 이끌어낼 수 있다.
여기서 다룰 예는 도넛을
먹을지 말지에 대한
결정이다.

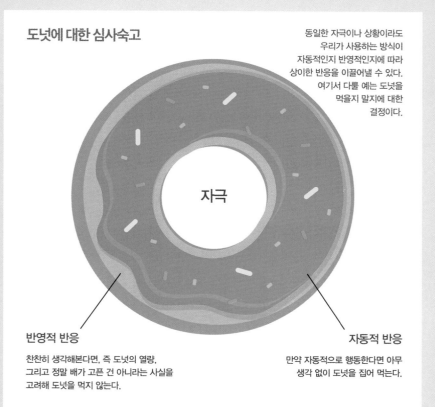

자극

반영적 반응

찬찬히 생각해본다면, 즉 도넛의 열량,
그리고 정말 배가 고픈 건 아니라는 사실을
고려해 도넛을 먹지 않는다.

자동적 반응

만약 자동적으로 행동한다면 아무
생각 없이 도넛을 집어 먹는다.

이중처리 모델은 빠르고 무의식적일 때가 많은 자동적 방식과 함께,
느리면서 보다 논리적인 반영적 방식도 우리가 종종 사용한다고 주장한다.

1.10 본성과 양육

우리가 하는 모든 일은 몸속 유전자에 의해 결정되는가? 아니면 주변 세상에 대한 경험으로 우리가 움직이는 것일까?

심리학에서는 본성과 양육이 우리의 사고나 행동에 미치는 영향이 어느 정도인가를 두고 오랫동안 토론해왔다. 본성은 우리의 유전적 기질 또는 타고난 특성이나 경향과 관계가 있다. 양육은 물리적 환경과 사회적 환경 그리고 경험의 영향이다.

행동주의자들은 '빈 서판(tabula rasa)' 개념을 선호한다. 그들은 처벌과 강화의 계획만 정확하게 짤 수 있다면 인간으로 하여금 어떤 행동이든 하게 만들 수 있다고 주장한다. 진화심리학 같은 개념은 오랜 진화를 통해 형성된 유전적 요인이 행동을 지배한다는 생물학적 결정론을 내세운다.

지금까지 나온 증거를 보건대, 본성과 양육이 함께 영향을 미칠 가능성이 높다. 출생 후 헤어져 따로 양육된 쌍둥이에 관한 연구에 의하면 우울증, 성격, 정치적 성향, 음악적 취향 등에서 쌍둥이들 간에 유사성이 발견된다고 한다. 높은 수준의 유전적 유사성이 이러한 특성이나 행동에 영향을 미쳤을 수 있다. 그러나 여전히 많은 면에서 둘은 서로 다르다. 이를 볼 때 환경 또한 나름의 역할을 한다는 것을 알 수 있다. 하지만 실제 상황은 더 복잡하다. 환경적 요인이 유전자 발현 방식에 영향을 미치고 결과적으로 우리에게 영향을 미치는 것으로 나타났기 때문이다.

위의 증거를 고려하면, 이제는 새로운 질문을 던져봐야 할 것 같다. 본성이냐 양육이냐를 고민할 것이 아니라, 이 둘이 어떻게 상호작용하느냐를 살펴보아야 하는 것이다.

우리는
약 2만 4,000개의 유전자를
가지고 있다. 또 우리는
하루 24시간 내내 환경에
영향받는다.

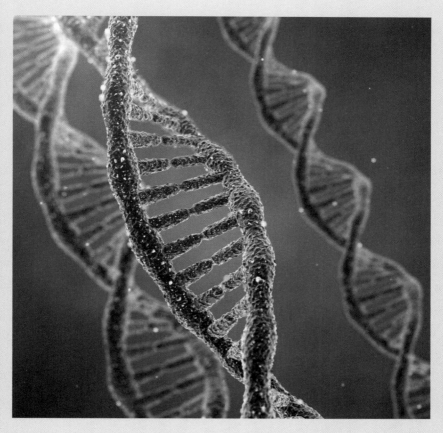

우리는 유전자의 포로인가? 본성과 양육의 상호작용 방식에 관한 연구를 통해 우리는 유전자가 우리 행동을 좌우하는 정도, 그리고 행동에 대한 책임과 관련한 여러 논쟁을 알게 되었고, 자유의지가 정확히 무엇을 의미하는지 탐구하기 시작했다.

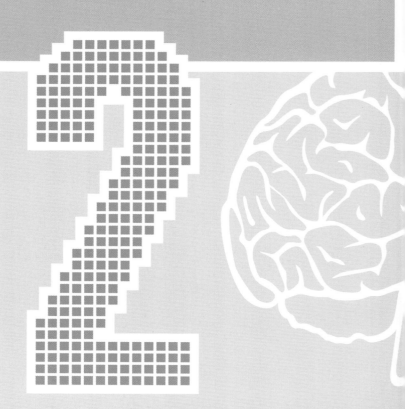

생물학적 영향

2

심리학은 우리의 행동 그리고 뇌의 작용과 행동 간의 관계를 다루는 학문이다. 그런 이유로, 심리학은 생물학을 확고한 기반으로 삼는다. 인간의 심리가 주된 관심사지만, 동물의 뇌나 행동에 관한 연구 역시 필수적이다.

이 장은 우리의 행동이 뇌 속의 뚜렷하게 구분되는 여러 체계 혹은 모듈, 예를 들자면 언어와 기억 그리고 지각에서 비롯된다는 생각에서 출발한다. 이들 각각은 하나 혹은 그 이상의 해부학적 조직에 의해 조종된다. 이를 보다 자세히 살피기 위해 뇌의 해부학적 구조와 함께 주요 조직과 그들의 주된 기능에 대해 알아본다. 그들이 하는 일은 정확히 무엇인가?

그다음으로 신경계를 살펴보면 이러한 모듈이 어떻게 조정되는지를 알게 된다. 뉴런의 복잡한 연결망이 뇌를 몸 전체와 연결하고 메시지를 하나의 뉴런에서 다음 뉴런으로 전달한다. 우리 행동이 많은 부분 이 작은 세포 단계에서 시작된다는 것은 놀라운 일이다. 행동의 어떤 변화는 뉴런들 간의 연결 강도의 변화와 직접적 관계를 갖는다.

뇌와 행동의 관계에 대한 보다 폭넓은 관점도 살펴본다. 호르몬이나 유전자 그리고 환경이 우리 행동에서 맡은 역할은 무엇인가? 마지막으로, 진화의 맥락에서 인간의 행동을 살펴보고, 다른 동물 연구가 인간행동을 이해하는 데 미친 영향이 무엇인지 알아본다.

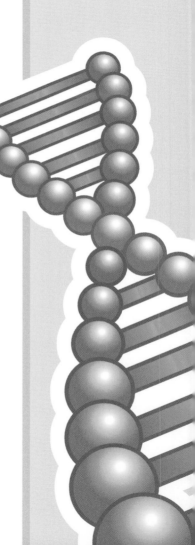

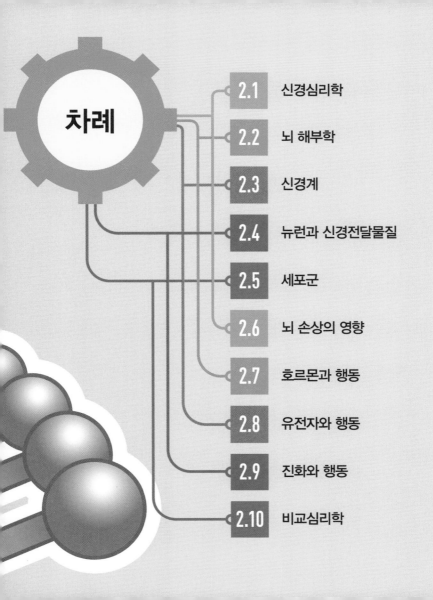

2.1 신경심리학

뇌와 그 다양한 기능 그리고 우리의 행동을 연결하는 것은 과연 무엇일까?

19세기에 골상학자(phrenologist)로 알려진 과학자들이 야심이나 교활함 같은 인간의 어떤 특성은 뇌의 특정 영역과 관련된다고 주장했다. 골상학은 많은 부분 타당성이 없는 것으로 밝혀졌지만, 그 기본 개념은 **신경심리학**(neuropsychology)이라는 학문 안에 현재까지도 남아 있다.

행동 기능(behavioural functions)의 차이가 뇌의 해부학적 구조와 직접 연관된다는 생각은 19세기에 폴 브로카(Paul Broca)와 카를 베르니케(Karl Wernicke)의 지지를 받았다. 두 사람은 뇌 좌반구의 특정 영역에 손상을 입으면 서로 다른 유형의 언어 장애가 발생한다는 사실을 발견하였다. 이러한 관점은 와일더 펜필드(Wilder Penfield) 같은 지도제작자(mapmakers)에 의해 더욱 발전되었다. 그는 수술 전 환자들의 대뇌피질을 자극함으로써 뇌의 감각과 운동 기능에 관한 지도를 만들었다(1951).

뇌와 행동의 상관관계에 대한 오늘날의 이해는 **모듈성**(modularity)이라는 개념에서 비롯한다. 이는 특정 능력의 모든 측면이 하나의 독자적 모듈로 기능한다는 생각이다(1.7 참조). 각 모듈은 뇌에서 확인할 수 있는 신경 조직과 연관된다. 해부학적으로 이러한 조직들은 어느 한곳에 모여 있기보다는 뇌 전반에 분포된 채 서로 연결되어 있으며, 이러한 관점은 수술과 뇌 스캔으로 얻은 증거들이 뒷받침한다.

모듈은 각각 독립적이면서도 서로 상호작용을 하는데 바로 그 상호작용이 우리의 행동방식에 영향을 미치는 것이다.

뇌 스캔은 수행하는 작업에 따라 활성화되는 뇌의 영역이 다른 것을 보여준다.

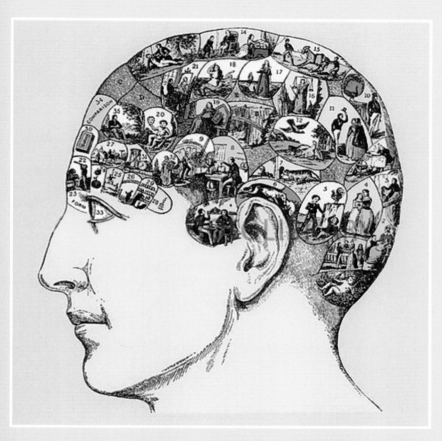

19세기의 과학인 골상학은 각기 다른 능력이 서로 다른 뇌의 조직에 대응한다고 주장했다. 골상학자들은 개인의 성격상의 특성을 두개골의 돌출부와 연관 지어 위와 같은 지도를 만들었고 개인의 성격을 알아내는 데 이를 활용했다.

2.2 뇌 해부학

포유류의 뇌는 어류와 파충류의 단순한 뇌에서 진화해왔다. 뇌는 행동의 모든 측면을 통제한다.

뇌는 세 개의 주요 부분으로 나뉘는데 각각은 상당히 많은 수의 상호 연결된 조직으로 구성되어 있다. 이들은 진화의 순서도 다르고 각각이 통제하는 행동의 복잡성 면에서도 차이가 난다.

■ **뇌간**(brainstem): 때로 '파충류 뇌'라고 불리기도 한다. 먹고 마시고 재생산하는 것 같은 기본 기능을 통제한다. 특히 중요한 것은 망상 활성계(reticular activating system)다. 감각기관을 통해 들어온 정보를 뇌의 다양한 영역으로 전달한다. 잠잘 때 그리고 싸울 때 각성이 고조되는 것까지 의식을 조절한다.

■ **뇌의 변연계와 기저핵**(limbic system and basal ganglia): 변연계는 감정과 기억 그리고 공간적 행동에 관여하는 일련의 연결 조직이다. 기저핵은 **운동 조절**(motor control) 및 그 **연관 학습**(associative learning)에 깊이 관여하는 일련의 조직이다.

■ **대뇌피질**(cerebral cortex): 이 세포층(회백질)이 파충류 뇌에 '모자(cap)'를 씌운다. 엄청난 주름으로 이루어졌으며 엽으로 나뉜다 (41쪽 참고). 피질의 상대적 크기(size)는 종의 지능과 상관이 있는 것으로 보인다. 포유류의 경우 피질의 부피가 뇌 전체의 80%를 차지하는데, 이로 인해 다른 종들보다 진화적인 면에서 우위를 점한다.

이런 대략적 구분은 세 조직 간의 상호연결성이나 각각의 조직들과 우리 행동 사이의 관계에 관한 매우 단순화된 설명에 지나지 않는다.

인간의 뇌는 몸의 가용 산소 중 약 20%를 소비한다. 두뇌의 크기를 고려하면 이건 몹시 불균형하다.

피질과 기능

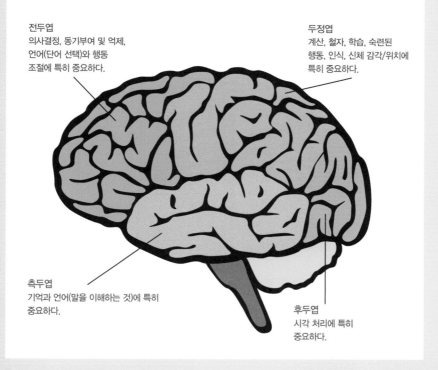

전두엽
의사결정, 동기부여 및 억제,
언어(단어 선택)와 행동
조절에 특히 중요하다.

두정엽
계산, 철자, 학습, 숙련된
행동, 인식, 신체 감각/위치에
특히 중요하다.

측두엽
기억과 언어(말을 이해하는 것)에 특히
중요하다.

후두엽
시각 처리에 특히
중요하다.

대뇌피질의 주요 주름에 따라 뇌를 네 개의 주요 엽으로 나눈다. 전두엽,
두정엽, 측두엽, 후두엽. 각각의 엽은 하나 혹은 그 이상의 상위 기능과
상호 연관되어 있다.

2.3 신경계

뇌는 온몸에 재빠르게 정보를 전달하는 통신망의 중앙 제어기다.

신경계는 뉴런이라는 수십억 개의 서로 연결된 세포로 구성되어 있으며 우리 몸의 통신망 기능을 한다. 중추신경계와 말초신경계의 두 부분으로 나뉜다. 중추신경계(CNS; Central Nervous System)는 뇌와 척수로 이루어진다. 말초신경계(PNS; Peripheral Nervous System)는 중추신경계와 몸의 다른 부분을 연결하는 연결망이다.

간단히 정의하자면 다음과 같다.

- **감각 뉴런**(afferent neurons)은 감각기관(눈, 귀)이나 내장기관에서 뇌로 정보를 전달한다.

- **운동 뉴런**(efferent neurons)은 뇌의 지시 사항을 내장기관과 운동기관(손)에 전달한다.

뇌는 들어오는 정보를 해석하고 결정을 내리는 것 같은 실행 기능을 수행한다.

더 나아가 신경계는 체성(somatic)신경계와 자율(autonomic)신경계로 나뉜다. 체성신경계는 걷거나 말하기 같은 신체의 움직임을 조정한다. 자율신경계는 심장, 폐, 위(stomach) 같은 내장기관을 조정한다.

헛팔다리(phantom limb)는 절단된 팔다리가 여전히 붙어 있다고 느끼는 것이다. 이런 일이 발생하는 것은 그 팔다리를 담당하는 뇌의 영역이 여전히 기능하고 있기 때문이다.

세 번째로 자율신경계는 교감신경계와 부교감신경계로 나눌 수 있다. 교감신경계는 움직임이 요구되거나 심장 박동 수나 호흡이 증가할 때 혹은 싸우거나 달아날 준비가 된 상황에서 활성화된다. 부교감신경계는 먹고 쉬고 잠자는 등 일반적 기능이 요구되는 상황에서 활성화된다.

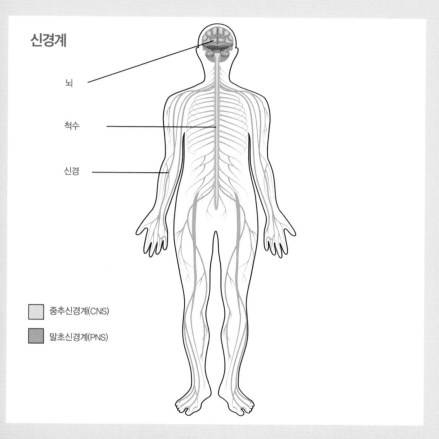

신경계

뇌

척수

신경

중추신경계(CNS)

말초신경계(PNS)

중추신경계는 뇌와 신경의 '고속도로'인 척수로 구성되어 있다. 말초신경
계는 몸의 내부와 외부 기관들 사이를 오가는 'A도로와 B도로 등'으로
구성되어 있다.

2.4 뉴런과 신경전달물질

정보가 신경계의 한쪽에서 다른 쪽으로 순간적으로 전달될 때 일련의 전기적이고 화학적인 과정이 일어난다.

신경계의 기본 구성 요소는 뉴런(neuron)이다. 뉴런은 가지와 같은 모양의 **수상돌기**(dendrites)를 통해 다른 뉴런으로부터 자극을 받아들이는 세포체로 구성된 세포다. 받아들인 자극은 케이블 같은 **축색돌기**(axon)를 통해 다른 뉴런에 전달한다(45쪽 참조).

뉴런 내부의 정보 전달은 전기적이다. 다른 뉴런들로부터 받아들인 자극이 주어진 한계 이상이 되면 뉴런은 활성화된다. 활성화된 뉴런은 주변의 다른 뉴런들에게 자극을 전달한다. 체세포에서 축색돌기까지 정보가 전달되는 속도는 시간당 400킬로미터(250mph)에 달한다.

뉴런들 간의 정보 전달은 화학적이다. 뉴런들 사이에는 시냅스(synapse)라고 불리는 간극이 있다. 시냅스에 신호가 오면 **신경전달물질**(neurotransmitters)이 분비된다. 신경전달물질은 간극을 넘어 다른 뉴런에 도달하는데, 이를 통해 자극이 전달된다. 시냅스마다 한 가지 이상의 신경전달물질이 작용하며, 각각의 신경전달물질은 뉴런들의 서로 다른 각 부분과 통한다.

이런 전기적이고 화학적인 과정이 끊임없이 일어나면서 신경전달물질로 하여금 특정한 기능을 자극하게 만든다. 예를 들어 도파민이라는 신경전달물질은 기쁜 감정과 보상 효과, 그뿐 아니라 움직임이나 자세와도 연관이 있다.

우울증 같은 증상을 치료하는 데 쓰이는 항정신성 약물(psychotropic drugs)은 신경전달물질이 작동하는 양식을 바꾼다.

뉴런과 신경전달물질

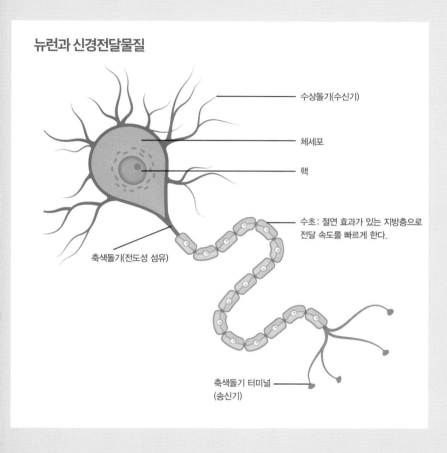

수상돌기(수신기)

체세포

핵

수초 : 절연 효과가 있는 지방층으로
전달 속도를 빠르게 한다.

축색돌기(전도성 섬유)

축색돌기 터미널
(송신기)

수상돌기로 들어온 자극은 축색돌기로 내려가 신경전달물질에 의해
시냅스를 지나 다른 뉴런들로 전달된다.

2.5 세포군

뇌는 어떻게 기억을 형성하고 저장할까? 그 과정이 세포 수준에서 시작됨을 보여주는 증거가 있다.

기억이 특정 뇌 세포에 집중되어 있는지 아니면 여러 세포에 나뉘어 있는지에 관한 초기의 의문은 신경심리학자 도널드 헵(Donald Hebb)이 해결했다(1949). 헵은 기억이 대뇌피질 전반에 분포된 세포들의 연결, 즉 **세포군**(cell assemblies)에 암호화되어 있다고 주장했다(2.1 참조). 이러한 세포군은 이른바 '헵 규칙'에 따라 형성된다. 즉 함께 활성화되는 뉴런들이 함께 연결된다.

우리가 무언가를 배우면 뇌 속의 세포 수준에서, 그러니까 신경계의 뉴런들 안에서 변화가 일어난다. 단일 고주파 전파로 뉴런을 하나 자극하면 차례대로 이를 받아들이는 뉴런의 활성화가 강화될 것이다(2.4 참조). 이것을 **장기 상승작용**(long-term potentiation)이라고 한다. 이를 통해 뉴런 간의 연결 안에서는 단일 사건도 장기적 변화를 만들 수 있음을 알 수 있다. 반복과 함께 그 효과는 더 강해지는데, 이것이 세포군 개념을 뒷받침한다.

세포군은 기억의 형성과 저장을 설명하는 데 어느 정도 도움이 된다. 우리는 전뇌(해마)의 일부가 새로운 기억을 처리하는 데 관여한다는 것을 안다. 해마에 손상을 입은 기억상실증 환자는 바로 몇 분 전의 일도 기억하지 못하기 때문이다. 그러나 일단 처리 과정을 거친 기억은 대뇌피질 전반에 걸쳐 저장된다(5.4 참조). 방금 전에 언급한 기억상실증 환자도 해마가 손상을 입기 전 먼 옛날의 일은 기억해낼 수 있기 때문이다.

신경외과 의사인 와일더 펜필드는 뇌의 영역별 기능을 파악하고자 의식 있는 환자의 대뇌피질을 자극해보았다.

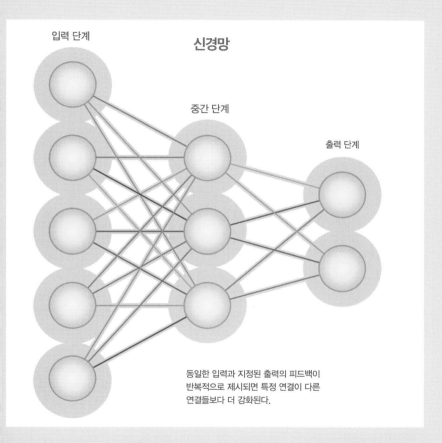

입력 단계

신경망

중간 단계

출력 단계

동일한 입력과 지정된 출력의 피드백이
반복적으로 제시되면 특정 연결이 다른
연결들보다 더 강화된다.

헵 규칙을 사용해 어떤 유형의 입력(예컨대 글자들)과 단일 출력(한 단어)이 서로 연관되도록 컴퓨터
로 시뮬레이션했다. 동일한 입력과 지정된 출력의 피드백이 반복적으로 제시되면 특정 연결이 다른
연결들보다 더 강화된다.

2.6 뇌 손상의 영향

뇌 손상의 영향에 대한 연구를 통해 과학자들은 뇌 조직을 더 잘 이해하게 되었다.

뇌 손상(brain damage)의 원인과 그로 인한 영향은 손상 유형에 따라 다르다.

■ 관통상, 즉 두개골을 창이 뚫고 지나가는 것 같은 부상은 그 영향이 일부에 국한될 수 있다.

■ 교통사고에서 나타나는 머리 손상(head injuries) 같은 경우 극심한 충격으로 인해 뇌가 갑자기 두개골에 부딪히면서 **넓은 부위에 걸친**(diffuse) 손상을 일으킨다.

■ 뇌에 혈액 공급이 중단되거나 모세혈관이 터져 뇌에 출혈이 생기는 뇌졸중의 영향은 얼마나 신속하게 그 상황을 중단시키느냐에 달렸다.

뇌 손상의 결과는 **증후군**(syndromes)이라 불리는 어느 정도 서로 연관성이 있는 증상의 유형에 따라 분류된다. 기억 손상은 기억상실증, 사물을 인식하지 못하는 것은 실인증, 그리고 언어 기능의 상실은 실어증이라고 한다.

실험을 위해 의도적으로 유발된 외상성 뇌 손상 부위에 이식한 신경줄기세포는 운동 기능과 인지 기능의 회복을 촉진하는 것으로 밝혀졌다.

종종 선별적으로 나타나는 뇌 손상의 특징은 신경심리학 연구에 크게 기여했다. 특히 **모듈성**이라는 개념을 발전시키는 데 도움이 컸다(2.1 참조). 이는 시각적 지각이나 기억 그리고 언어와 같은 능력이 (상호작용을 하기도 하지만) 독자적 과정으로 기능한다는 뜻이다. 반대로 모듈성이라는 개념은 우리가 종종 증상의 분류라고만 여겼던 것들, 예를 들어 단기기억과 장기기억의 차이에 대한 이해를 증진했다.

구성 실행증(失行症)

구성 실행증은 좌반구나 우반구 혹은 뇌 전반에 걸친 손상에 의해 발생할 수 있다. 이 그림들은 서로 다른 모듈들의 역할을 확인하려는 시도가 얼마나 어려운지를 보여준다.

어떤 뇌 손상에 의한 것인지 그 원인을 이해하기가 가장 어려운 경우는 따라 그리기와 같이 복합적 모듈 기능이 개입될 때다. 따라 그리기 작업에는 시각적 지각, 시각적 형상화, 계획하기, 운동 기능 조절이 함께 작용한다.

2.7 호르몬과 행동

호르몬은 특정 상황이나 주어진 조건에서 우리 행동에 영향을 미칠 수 있다.

호르몬은 천천히 활동하는 화학적 메신저(chemical messengers)다. 내분비선에서 분비되어, 혈류를 통해 장기와 조직에 도달한다. 호르몬은 우리의 행동방식에 영향을 미칠 수 있다.

■ **생식선**(gonad)에서 성호르몬, 즉 남성의 경우는 안드로겐 그리고 여성의 경우는 에스트로겐과 프로게스테론이 분비된다. 인간은 기본적으로 여성이며, 남성의 경우 (Y염색체로 인한) 안드로겐 때문에 남성의 성기와 남성적 특성이 발달된다.

■ **에스트로겐과 프로게스테론**(oestrogen and progesterone)의 수준은 임신 중에 올라가며, 분만 후 모성 행동에 영향을 미친다. 여성의 일생 동안 에스트로겐과 프로게스테론 수준이 크게 변화하는 시기는 초경, 월경, 임신, 폐경 때다. 이러한 호르몬 변동은 기분장애(mood disorders)의 원인이 될 수도 있으며, 여성의 기분장애는 남성에 비해 두 배 이상 자주 나타난다.

■ **부신**(adrenal gland)에서는 스트레스 호르몬이 분비되는데, 이 호르몬은 스트레스와 싸우거나 스트레스로부터 도망가려는 반응과 연관된다. 일반적으로 동물의 수컷이 암컷에 비해 더 공격적이라는 분명한 증거가 있는데, 이는 출생 전 그리고 생애 전반에 걸쳐 훨씬 높은 수준의 안드로겐에 영향을 받기 때문이다(안드로겐은 부신피질에서도 소량 분비된다).

이러한 예는 사람들마다 행동 유형이 달라지는 이유를 설명해줄 뿐 아니라 성별 간에 나타나는 차이도 어느 정도 설명해준다.

1994년 월드컵 결승에서 브라질이 이탈리아를 격파하고 난 직후 브라질 관중들의 테스토스테론 수준이 이탈리아 팬들보다 더 높게 나타났다.

위 그림 속 두 영양이 보여주듯, 같은 종의 동물들 간에 나타나는 공격적
인 행동은 일반적으로 영역이나 암컷과의 접촉 기회 같은 자원을 사이에
두고 수컷들 간에 일어난다.

2.8 유전자와 행동

모든 것이 유전자 때문이다…… 정말 그럴까? 과학자들은 유전학 연구를 통해 우리의 성격적 특성이 얼마나 유전되는지 그 정도를 밝히려고 한다.

유전자(gene)는 생물학적 구성 요소다. 각각의 유전자는 어떤 종류의 세포를 만들어낼지에 대한 지시 사항을 담고 있으며, 함께 모인 유전자들은 특정한 유기체를 만드는 지침으로 기능한다. 이 지침이 바로 **유전자형**(genotype)으로 이는 난자와 정자가 수정될 때 부모에게서 물려받은 유전자들로 구성된다.

유전자형이 지침이라면, **표현형**(phenotype)은 구성 요소를 다 조립하고 난 결과로 나타나는 특성을 가리킨다. 보조개나 다운증후군처럼 그 특성 발현에 단일 유전자가 연관되는 경우도 있지만, 눈의 색깔이나 지능과 같은 대부분의 특성은 여러 유전자의 상호작용으로 나타난다.

표현형이 어느 정도 유전되는지 또는 획득되는지는 정말 답하기 어려운 문제다(1.10 참조). 이 문제를 해결해보려고 과학자들은 행동유전학을 연구한다. 여기서 주요한 가정은 어느 인구 집단에서 성격적 특성이 나타나는 빈도는 구성원들이 유전적으로 연관된 정도로 결정된다는 것이다. 예를 들어 형제간은 사촌 간보다 더 많은 성격적 특성을 공유한다. 마찬가지로, 입양된 아동들은 자신들의 입양 부모보다는 생물학적 부모를 더 많이 닮는다. 일란성 쌍둥이는 유전자의 100%를 공유하는 반면 이란성 쌍둥이는 50%만 공유한다.

우리는 회충(38%)에서 침팬지(90%)까지 모든 동물과 어느 정도는 유전자를 공유한다.

그러나 환경의 영향 또한 분명히 존재한다는 연구 결과도 있으며 유전과 환경 간의 상관관계는 종종 복잡하다.

유전자와 조현병

개인과의 관계	유전자 공유 빈도	위험 근사치	환경
일란성 쌍둥이	100%	40–50%	매우 유사
이란성 쌍둥이	50%	15–20%	매우 유사
형제자매	50%	5–10%	유사
사촌	12.5%	0–5%	다양함
다른 보통 사람들	0%	1%	개별적임

이 표는 조현병 환자와의 유전적 관계에 기초해 개인이 조현병에 걸릴 위험을 나타낸다. 관계가 가까울수록 환경 역시 유사할 가능성이 높을 것이다. 이런 이유로 유전과 환경의 상대적 영향력을 구분해내기가 쉽지 않다.

2.9 진화와 행동

진화는 우리가 환경과 관계를 맺거나 환경에 반응하는 방식에 영향을 미칠까?

진화(Evolution)는 오랜 세대에 걸친 환경적 선택(environmental selection)의 결과다. 이는 세포가 변이를 일으키고 이 돌연변이가 다음 세대로 유전되기 때문이다. 생존에 도움이 되도록 돌연변이를 일으킨 유기체는 계속 번식하는 반면 생존에 도움이 되지 않는 돌연변이를 일으킨 유기체는 그렇지 못하다.

진화는 오래된 조직을 제거하지 않고 새로운 조직을 추가한다. 포유류의 뇌는 기본적으로 파충류의 뇌에 대뇌피질 같은 조직이 더해져 이루어진 것이다(2.2 참조). 오래된 조직은 제거되지 않고 새로운 조직과 상호연결을 유지하며 여전히 기능할 것이다. 예를 들어 피질 손상(맹시)으로 인해 시야의 어느 지점에 있는 사물들의 존재를 부정하는 사람들도 그 사물들을 무의식적으로는 지각하는 것으로 드러났는데 이는 그들이 더 오래된 시각 체계를 사용하고 있었기 때문이다.

다윈주의자들(Darwinists)은 동물들마다 자기들의 특정한 환경적 요구를 충족시키고자 진화했지만, 그들 사이에 행동적 유사성이 여전히 존재한다고 주장한다. 이는 위협에 맞서 싸우거나 도망가는 기본적인 반응이 대단히 넓은 범위의 종들에게서 발견되는 이유를 설명해준다. 그러나 **데카르트주의자들**(Cartesians)은 진화라는 측면에서 볼 때 인간은 행동의 불연속성을 대표한다고 주장한다(3.4 참조). 그들의 주장에 따르면 이를 가장 잘 입증해주는 것이 바로 인간의 언어가 지닌 고유성이다.

누가 가장 긴 진화의 고리를 가지고 있을까?
바퀴벌레는 3억 년,
공룡 1억 3,500만 년,
인류 600만 년.

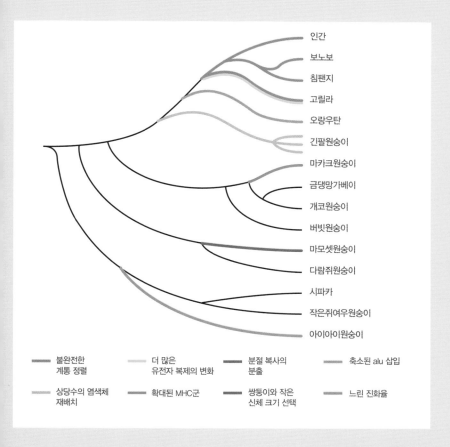

진화계통수는 유전체 서열이 알려진 종들 중에서 인간의 혈통을 보여준다[제프리 로저스와 리처드 A. 깁스(Jeffrey Rogers and Richard A. Gibbs), 2014].

2.10 비교심리학

인간이 다른 종들과
공유하는 기제(mechanisms)
는 무엇인가?

비교심리학은 여러 종의 행동을 연구함으로써 종들 사이의 공통 기제와 한 종의 특정 기제가 무엇인지를 밝히고자 한다. 이는 진화론에 뿌리를 두고 있으며 윤리적 혹은 실제적 이유로 인간을 대상으로 삼아 검증할 수 없었던 가설들을 실험해볼 기회를 제공한다.

신생아와 엄마 사이의 강력한 사회적 유대를 고려해보라. 많은 종에서 이러한 유대는 발달 과정의 가장 결정적인 시기에 형성된다. 노벨상 수상자 콘라트 로렌츠(Konrad Lorenz)는 알에서 막 깨어난 아기 거위들이 처음으로 맞닥뜨린 움직이는 물체를 자신들의 엄마로 여기는 것을 보여주었으며, 이러한 현상을 '낙인(imprinting)'이라고 칭했다(1935). 존 볼비(John Bowlby)는 엄마와의 유대가 결여된 신생아는 심리적으로 문제가 생긴다는 것을 보여주었으며(1951), 해리 할로(Harry Harlow)는 모성이 결핍된 아기 원숭이가 철사 모형에 수건을 감싸 만든 대리모 원숭이와 유대를 맺는다는 사실을 입증했다(1959).

**스키너는 음식물 보상을
임의적으로 제공함으로써
비둘기에게서
미신적 행동(예컨대 먹기 전에
한 바퀴 돌기)을 이끌어냈다.**

그 밖의 예들은 학습 기제를 밝히기 위해 쥐와 비둘기를 가지고 실험한 스키너(B. F. Skinner)를 위시한 행동주의 심리학자들의 연구에서 찾아볼 수 있다(6.2 참조). 그들은 보상이 장기적 학습을 촉진하는 반면 처벌은 단지 행동을 억제시키는 데 불과함을 보여주었다. 이러한 원칙은 지금까지 교육적·임상적·교정적 상황에서 성공적으로 적용되고 있지만, 이러한 기제가 다른 종에서도 마찬가지로 작용할 것인가를 두고는 논쟁이 계속되고 있다.

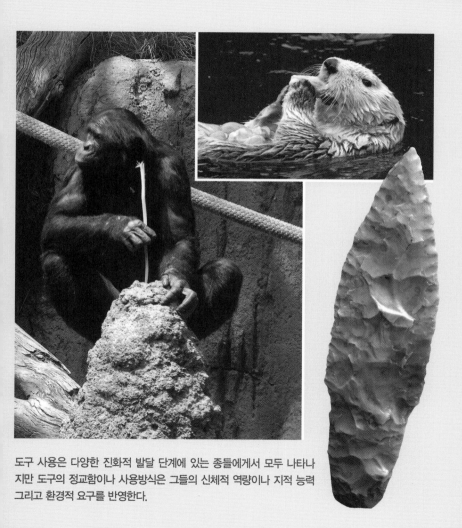

도구 사용은 다양한 진화적 발달 단계에 있는 종들에게서 모두 나타나지만 도구의 정교함이나 사용방식은 그들의 신체적 역량이나 지적 능력 그리고 환경적 요구를 반영한다.

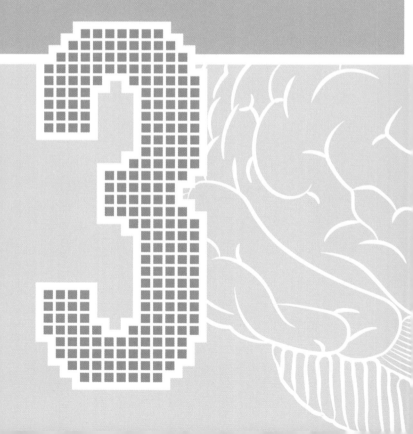

생애심리학

3

생애심리학은 발달심리학으로도 알려져 있다. 최근에는 생애심리학이라는 용어가 더 자주 쓰이는데, 이는 발달이 영아기나 아동기로만 국한되지 않는다는 사고를 반영한다. 인간은 생애 전체에 걸쳐 지속적으로 발달한다는 것이다. 생애심리학은 연구하기 쉽지 않은 학문이다. 변화가 일어나는 이유와 그 양상을 이해하려면 심리학 제반 영역(몇 가지만 예를 들자면 인지적·사회적·생물학적 영역) 간의 상호작용을 고려해야 하기 때문이다.

이 장은 태어나기 이전부터 우리의 발달에 영향을 미칠 만한 요인을 살펴보는 것으로 시작한다. 이 시기에 뇌 손상이 발생할 경우 발달 중인 두 뇌가 그것을 어느 정도까지 보상하는지 살펴본다. 다음으로 뇌의 구조를 살펴보고 정보 처리 과정에 대해서도 알아본다. 정보 처리가 특정 영역에 국한되는지 아니면 좀 더 일반적인지에 대해서도 알아본다. 우리의 발달에는 관찰 가능한 이정표가 있는가 아니면 단순히 점진적으로 발달하는 것인가?

영유아들과 그들을 검사하는 데 사용되는 다양한 방법도 살펴본다. 여기에는 새로운 자극에 대한 영유아의 반응을 측정하는 것부터 서로 다른 유형의 정보를 처리하는 능력에 대한 검사까지 포함된다. 이러한 검사를 실시하는 목적은 무엇인가? 또한 자신들의 생각을 말로 표현할 수 없는 아동의 경우 그 방법은 과연 얼마나 정확할까?

사회성 발달에는 여러 측면이 있는데 그중 중요한 몇 가지를 살펴본다. 첫째로 영아의 자기 인식에 대한 이해다. 다음으로 마음 이론, 즉 다른 사람은 자신과 다른 믿음을 가질 수 있다는 사실에 대한 이해가 발달하는 것을 살펴본다. 또한 우정이 어떻게 형성되는지 그리고 시간이 흐르면서 어떤 변화를 거치는지 알아본다.

마지막으로, 점점 나이가 들어감에 따라 우리가 어떤 일을 겪게 되는지 살펴본다. 나이가 많아지면서 감각 능력은 어느 정도 잃게 될 것이다. 하지만 인지 능력의 저하도 불가피한 것일까?

3.1 선천적 결손증

산모가 임신 사실을 알기도 전에, 배 속의 태아는 다양한 위협에 노출될 수 있다.

기형발생물질(teratogens)은 유전적 요인은 아니지만 배아의 발달에 영향을 미쳐 선천적 결손증을 유발시킨다. 여기에는 알코올같이 우리가 섭취하는 것들도 포함된다. 풍진이나 헤르페스(herpes) 감염 같은 환경적 요인은 물론 방사선 같은 다른 외부적 요인도 있다.

기형발생물질의 특성에 따라 연관되는 결함도 달라진다. 예를 들어 알코올은 태아알코올증후군과 연관되는데, 이는 비정상적 성장이나 지적 측면에서 어려움을 겪는 것으로 나타날 수 있다. 방사능은 노출 수준에 따라 이분척추, 구개열, 실명으로 이어질 수 있다. 이런 이유로 의사들은 임신 가능성이 있는 여성들에게 방사선 검사를 실시하는 것을 상당히 주저한다.

기형발생물질에 노출된 시기에 어떤 기관이 형성되고 있었느냐에 따라 배아가 받는 영향도 달라진다. 1950년대에서 1960년대 사이에 입덧을 완화시키는 약물로 탈리도마이드(Thalidomide)가 처방되었다. 그 결과 많은 신생아가 팔과 다리에 장애를 가지고 태어났다. 약물이 복용된 시기에 따라 영향을 받은 팔다리가 다르게 나타났는데, 이를 통해 태아 발달의 결정적 시기에 대해 알게 되었다.

마지막으로, 태아 발달에 영향을 미치는 것은 어머니를 통한 위험 요소 노출만은 아니다. 어떤 위험 요인들은 정자에 영향을 미친다. 예를 들어 알코올은 저체중아 출산의 원인이 되는 정자의 결함과 연관되었다.

탈리도마이드라는 약물은 지금은 한센병으로 인한 피부 손상 치료에만 가끔 아주 조심스럽게 사용된다.

기형발생물질과 그 영향

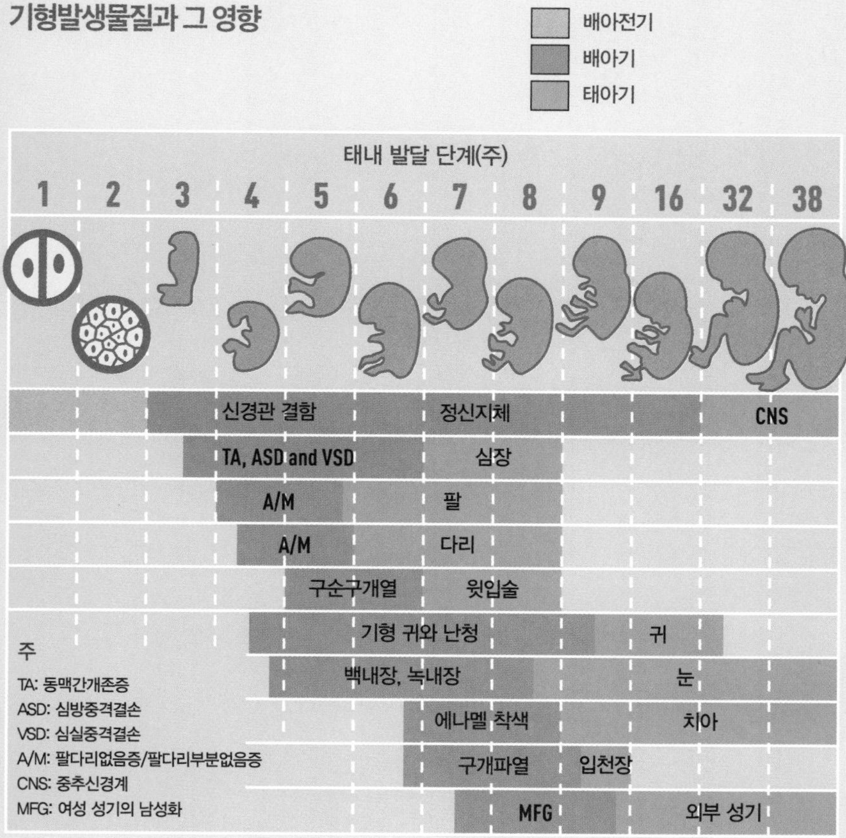

배아전기
배아기
태아기

태내 발달 단계(주)

| 1 | 2 | 3 | 4 | 5 | 6 | 7 | 8 | 9 | 16 | 32 | 38 |

신경관 결함 · 정신지체 · CNS

TA, ASD and VSD · 심장

A/M · 팔

A/M · 다리

구순구개열 · 윗입술

기형 귀와 난청 · 귀

백내장, 녹내장 · 눈

에나멜 착색 · 치아

구개파열 · 입천장

MFG · 외부 성기

주
TA: 동맥간개존증
ASD: 심방중격결손
VSD: 심실중격결손
A/M: 팔다리없음증/팔다리부분없음증
CNS: 중추신경계
MFG: 여성 성기의 남성화

수정에서 출생에 이르는 태내 발달의 단계를 보여주는 표. 각 발달 단계마다 기형발생물질이 미치는 영향을 표시해준다.

3.2 뇌 가소성

뇌는 성장하는 동안 외부
세계의 정보를 처리하면서
급격하게 변화하고, 일생 동안
지속적으로 변화한다.

뇌는 발달 과정 중 놀라울 정도의 **가소성**(plasticity)을 보인다. 이는 뇌의 신경 경로를 경험으로 재조직하는 능력이다. 세상을 이해하고자 영아가 감각 정보를 처리한 결과로 나타나기도 하고 뇌 손상 이후의 적응 과정일 수도 있다. 재조직은 다음 둘 중 하나의 범주에 속할 것이다.

■ **경험-기대 재조직**(experience-expectant reorganisation): 수백만 년에 걸친 진화를 통해 뇌가 자신을 한층 성장시킬 수 있는 경험에 반응하도록 사전에 구성된 경우다.

■ **경험-의존 재조직**(experience-dependent reorganisation): 피아노 연주나 컴퓨터 게임을 하는 것처럼 특정한 학습 경험의 결과로 나타난다.

초기 발달심리학자들은 시간이 지나면 신경망이 안정적이 된다고 믿었으나, 최근의 연구 결과에 따르면 뇌는 결코 변화를 멈추지 않는 것으로 보인다. 이것이 학습의 토대로서, 경험을 통해 보다 강력한 연계가 이루어진다(2.5 참조).

영구적 뇌 손상의 경우처럼, 때로 뇌의 가소성은 손상을 입은 부분의 뇌가 맡아서 하던 기능을 다른 부분이 대신하게끔 한다. 뇌 손상 환자의 경험을 통해 우리는 이런 사실을 확인할 수 있다. 가끔은 심각한 발작을 완화하고자 한쪽 반구를 제거하는 반구절제술이 시술되기도 한다.

**보통 반구절제술은 아동을
대상으로 하는 시술로,
뇌 가소성 덕분에 인지 기능에
미치는 손상이 적을 수 있다.**

적응하는 뇌

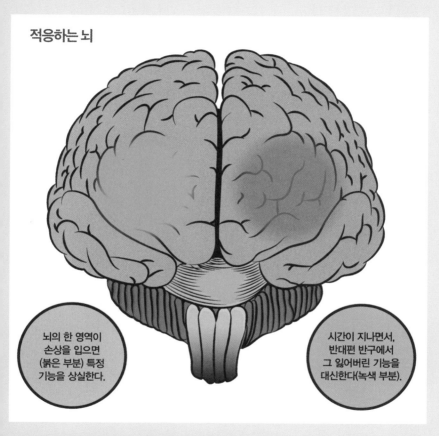

뇌의 한 영역이 손상을 입으면 (붉은 부분) 특정 기능을 상실한다.

시간이 지나면서, 반대편 반구에서 그 잃어버린 기능을 대신한다(녹색 부분).

뇌 가소성에 대한 그림으로, 뇌의 어떤 영역에 손상이 있을 때 다른 영역에서 그 기능을 대신하며 상황에 적응하는 것을 보여준다. 이런 적응이 언제나 대칭적 영역에서 일어나는 것은 아니다.

3.3 마음의 구조

마음은 복잡한 실체다. 현재 우리가 할 수 있는 것은 마음의 구조에 대한 이론을 제시하는 것뿐이다.

우리가 어떻게 생각하고 배우는지 그 마음의 구조를 두고 인지심리학자들과 발달심리학자들 간에 논쟁이 많다. 마음의 구조는 **영역 일반성**(domain generality)과 **영역 특수성**(domain specificity)이라는 두 개의 뚜렷한 영역으로 살펴볼 수 있다.

영역 일반성을 지지하는 학자들은 영아의 뇌는 어떤 상황에서도 적용할 수 있는 처리 과정과 자원을 발달시키며, 경험에 의해 변화될 준비가 되어 있다고 주장한다. 이 이론에 의하면 모든 추론 기제를 모든 처리 과정에 이용할 수 있다.

반면 영역 특수성의 관점은 우리가 특정 기능을 실행하도록 진화해 온 선천적 신경 조직을 가지고 태어난다고 주장한다. 이에 따르면 수학적 추론 기제는 오직 수학적 영역의 정보를 처리할 때만 이용 가능하며, 다른 영역도 이와 마찬가지라는 것이다. 몇몇 연구자는 서로 다른 영역이 존재한다는 사실조차 분명히 확신할 수 없는 상황에서 이는 의미 없는 논쟁이라고 주장한다.

포더(Fodor)의 마음의 **모듈화** 이론(1983)은 마음이 '영역 특정적(domain specific)'이라고 가정한다. 그러나 영역 특정적 이론에서 마음이 모듈식이라고 자동적으로 규정하지는 않는다(2.1 참조). 마음의 구조에 관한 이런 이론과 뇌의 구조에 대한 이해는 서로 별개의 문제다(2.2 참조).

마음의 구조에 대한 이론은 인공지능을 개발하려는 과학자들에게 중요하다.

영역 일반성

영역 일반성을 옹호하는 사람들은 마음이 집짓기 블록 상자와 유사하며
그것들을 어떻게 조립할지는 우리의 경험에 달렸다는 생각을 제안한다.

3.4 연속성과 불연속성

발달이 어떻게 일어나는지 실제로 아는 사람은 없다. 그러나 연구자들은 발달이 오랜 시간에 걸친 여정이라는 데 동의한다.

발달에 관한 논의에서는 두 가지 주된 사상이 있다. **연속성**(continuity)은 알아차릴 정도로 구별되는 단계 없이 발달이 점진적으로 일어나는 것을 의미하고, **불연속성**(discontinuity)은 측정할 수 있는 단계를 통해 발달이 일어남을 암시한다.

불연속적 발달의 선구자 장 피아제(Jean Piaget, 1896~1980)는 인지발달이 다음과 같이, 각 단계별로 순서에 따라 일어나며 어느 단계도 그냥 넘어갈 수 없다고 주장했다.

■ **감각운동기**(sensorimotor stage, 출생~2세): 운동 기술을 사용해 환경과 상호작용한다.

■ **전조작기**(preoperational stage, 2~7세): 지각에 의한 추론이 일어난다.

■ **구체적 조작기**(concrete operational stage, 7~12세): 실제 사물에 국한된 논리적 사고가 등장한다.

■ **형식적 조작기**(formal operational stage, 12세~): 추상적 추론이 관찰된다.

철학자 장 자크 루소 (Jean-Jacques Rousseau, 1712~1778)는 인간발달을 단계 이론 측면에서 논의했다.

발달이 연속적으로 일어난다고 믿는 사람들은 영아들이 급격한 차이를 보이는 단계들을 거치지 않고 오랜 시간 동안 점진적으로 변화한다는 점을 예로 든다. 그들의 주장에 따르면 어떤 과제를 수행하는 데 필요한 논리적 추론을 습득했다고 해서 동시에 다른 과제들도 해낼 수 있는 것은 아니다. 예를 들어 한 아동이 액체의 보존에 대해서는 이해하지만(용기의 모양이나 크기가 어떻든 간에 부피는 동일하게 유지된다는) 그 이해를 점토에 적용하지는 못할 수 있다.

정반대 이론

연속적 발달 궤도는 매끄러운 길을 따라가는 반면, 불연속적 발달을 주장하는 이론은 이 그림에서 계단으로 표시한 것과 같은 단계적 접근을 제안한다.

연속성 이론과 불연속성 이론에 따른 발달 궤도. 우리는 아무것도 할 수 없는 상태에서 시작해 어떤 능력을 얻는 것으로 끝마친다. 도대체 어떻게 그곳에 도달하는 것일까?

3.5 신생아 검사

아기들은 자기 생각을 말로
표현할 수가 없다. 그런데
어떻게 아이들과 관련한
심리학적 발견이 가능할까?

영아들의 감각과 인지발달을 이해하는 데 사용할 수 있는 두 가지
검사 방법으로 **습관화**(habituation)와 **보기 선호**(preferential looking)가
있다.

■ '습관화'는 영아가 특정 자극에 대한 흥미를 잃을 때까지 그 자극
에 반복적으로 노출시키는 방식이다. 그다음 다른 자극에 노출시
킨다. 만약 영아가 새롭게 제시된 자극을 다르다고 지각하면 그
자극에 흥미를 보일 것이다. 만약 새롭게 제시된 자극이 기존의
자극과 같다고 지각하면 영아는 그 자극을 무시할 것이다. 습관
화 검사 방식은 다양한 기능(소리, 시력 등)을 알아보는 데 쓰였다.
또한 생후 사흘 된 신생아를 대상으로 작은 수의 조합(사물 두 개와
사물 세 개)을 구별하는지 알아보기 위한 검사에 사용되었다. 3개
월 된 영아도 물리적으로 불가능하게 여겨지는 사건을 보았을 때
놀란다는 것이 습관화 실험을 통해 확인되었다. 이는 영아가 물
리적 원칙에 대해 어느 정도 이해하고 있음을 시사한다.

■ '보기 선호' 방식은 아직 말을 못하는 영아가 언어와 지각 그리고
기억과 같은 다양한 상호작용 기능에 대한 정보를 처리하고 있음
을 보여준다. 예를 하나 들자면, 양육자의 무릎에 앉아 있는 영아
에게 한쪽 화면에는 강아지가 있고 다른 화면에는 아기 사진이 있
는 두 개의 화면을 보여준다. 잠시 후 녹음기로 "강아지가 어디
있나요?" 같은 문장을 들려준다. 영아는 녹음기에서 언급한 것이
담긴 화면을 보는 경향이 있다. 이 경우, 강아지다.

생후 4개월 된 일본의 영아들이
모국어에 없는 'r'과 'l' 소리를
구분하는 것으로 알려졌다.

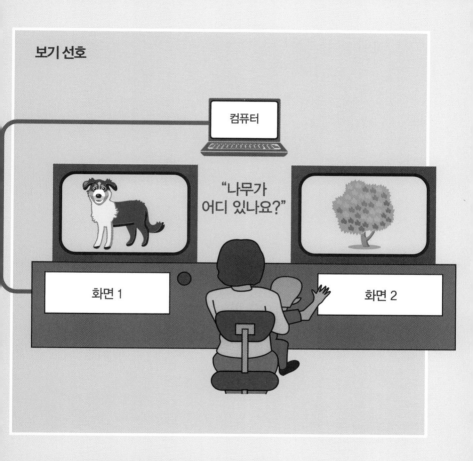

아기에게 두 개의 화면을 보여주었을 때 아기는 자신이 들은 것에
상응하는 화면을 쳐다볼 것이다.

3.6 지능 측정

정신 능력이 정상발달 범위 안에 속하는지 측정해 평가할 수 있다.

지능 검사라고 하면 사람들은 종종 추론 능력을 측정하는 퍼즐을 떠올린다. 신생아나 영아를 대상으로 한 많은 연구에서 지능을 언급하는데, 말을 하거나 복잡한 추론 과제를 실행하기에는 너무 어린 아동은 어떻게 지능을 측정할까?

아주 어린 아동의 인지 기능을 살펴볼 수 있는 검사는 몇 가지 안된다. 다음은 그러한 검사의 예다.

■ 뮬렌 초기 학습 척도: 생후 5세까지 사용 가능하며 운동 및 시각적·언어적 기술을 검사한다.

■ 베일리 영아 발달 척도: 생후 1개월에서 3세 반까지 사용할 수 있으며 행동과 운동 기술 및 정신 능력을 평가한다.

이러한 검사를 사용하는 주된 이유는 두 가지다. 연구 목적인 경우와 의사가 발달지체의 가능성을 살펴보고자 하는 경우다.

만약 영아가 기대되는 발달상의 이정표에 도달하지 못한다면, 위에 제시된 평가 등을 통해 발달상 문제가 있는지 아니면 발달이 늦어지는 것이 단순한 개인차인지 확인하는 데 참고가 될 수 있다(8.1 참조). 이러한 연구를 통해 시각적 지각과 기억력으로 이후의 지능을 예측하는 방법에 관한 우리의 이해 범위도 넓어졌다.

최초의 지능 검사는 1905년에 발표된 비네 지능 검사다.

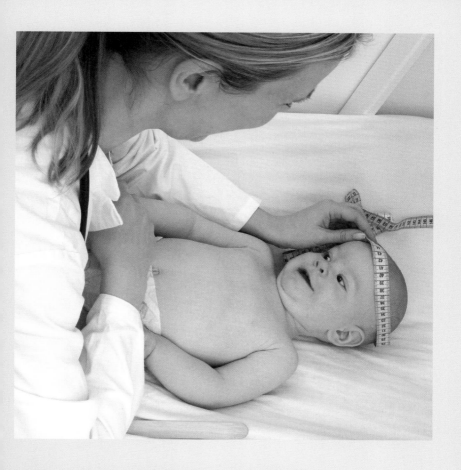

아델레이드 대학의 최근 연구에 의하면 생후 한 달 이내의 체중 증가와
머리 크기의 성장은 초기 학령기의 높은 IQ와 연관되어 있다.

3.7 자기 인식

태어난 지 열두 시간밖에 안 된 신생아도 자기 엄마를 알아본다. 영아가 자기 얼굴을 알아보기까지는 얼마나 걸릴까?

자기 인식은 사회성 발달의 중요한 이정표 중 하나다. 갓 태어난 신생아에게는 없는 이 능력은 일반적으로 2세 즈음에 발달한다.

볼연지 지우기 과제는 만약 영아가 거울에 비친 자기 얼굴을 인식하고 거기에 이상한 얼룩이 있는 것을 본다면 그것을 지우려 할 것이라고 가정한다. 보통 볼연지는 양육자가 영아의 얼굴에 몰래 묻혀놓는다. 만약 영아가 볼연지를 지우려는 시도를 하지 않으면 거울 속에 비친 얼굴이 자기 자신임을 이해하지 못하기 때문이라고 해석한다.

자기 인식을 연구하는 실험에서 아동들에게 비디오 영상을 보여주었는데 거기에는 자신들이 게임을 하는 동안 얼굴에 은밀하게 표식이 그려지는 모습이 담겨 있었다. 실험에 참여한 4~5세의 아동은 그 활동을 영상으로 보고 나서 3분 정도 지난 뒤 표식을 향해 손을 올렸다. 그로부터 일주일 후 그 아동들이 다른 게임을 하며 노는 모습을 촬영했는데 이번에는 스티커를 사용했다. 이번에는 영상을 보고 난 뒤 일주일 전에 손을 올렸던 아이들 중에 몇 명만 다시 손을 올려 스티커를 제거하려는 시도를 했다. 이를 통해 4세 정도가 되면 대부분의 아동들이 자기 자신을 인식하고, 맥락과 관련된 정보를 사용해 현재 상태를 이전 상태와 비교할 수 있다는 것을 알 수 있다. 이는 자서전적 자아의 출현으로 여겨진다.

자기 인식은 영장류, 코끼리, 돌고래, 까치와 같은 몇몇 동물에서도 관찰되는데 고릴라, 긴팔원숭이, 자이언트 팬더 혹은 아프리카 회색앵무새에게서는 나타나지 않는다.

볼연지 제거 실험

만약 영아가 자기 자신을 인식한다면 실험에서 거울에 비친 자기 모습을
보여주었을 때 얼굴로 손을 뻗어 볼연지를 제거해야 한다.

3.8 마음 이론

어린아이들은 다른 사람들의
마음속 생각과 추론을 얼마나
알고 있을까?

사회적 인지(social cognition)는 사회적 행동을 이해하려고 그와 관계되는 인지 과정을 살펴보는 심리학의 한 영역을 가리킨다. 이 영역에서는 다른 사람들이 어떤 생각을 할지 혹은 무엇을 믿을지에 관한 이해가 필수적이다. 이러한 능력을 묘사하고자 마음 이론이라는 용어가 쓰였으며, 그 능력은 아동의 발달에 중요한 이정표다.

틀린 믿음 과제(false-belief test)는 이런 능력을 검사하는 데 자주 사용된다. 아동에게 시나리오가 제시되는데 그 안에서 과제를 하는 아동은 사실이 아니라는 것을 알지만, 시나리오에 등장하는 어떤 사람은 그것이 사실이라고 믿는 상황이 벌어진다. 이러한 과제의 고전적 예가 샐리와 앤 과제(the Sally-Anne task)다.

■ 아동이 관찰하는 동안, 샐리와 앤이 함께 있다가 바구니 안에 구슬을 넣는다.

■ 샐리가 자리를 비운 사이에 앤이 구슬을 다른 장소로 옮긴다.

■ 아동에게 "샐리는 구슬을 찾기 위해 어디를 살펴볼까?" 하고 질문한다.

만약 아동에게 마음 이론이 발달되었다면, "바구니 속"이라고 대답할 것이다. 왜냐하면 아동은 구슬이 다른 곳으로 옮겨졌다는 사실을 알고 있지만, 그걸 모르는 샐리는 처음에 자신이 구슬을 넣어두었던 곳을 찾아보리라는 사실 또한 알기 때문이다.

일반적으로 4세 즈음 '틀린 믿음 과제'를 완수한다. 그러나 자폐증 아동은 훨씬 나이가 들어도 과제 완수에 어려움을 겪는다.

마음 이론이란 용어는 침팬지에
관한 연구 보고서에서 처음
사용되었으며, 인간의 사회적
인지를 가리키는 말로 사용된 것은
훨씬 나중의 일이다.

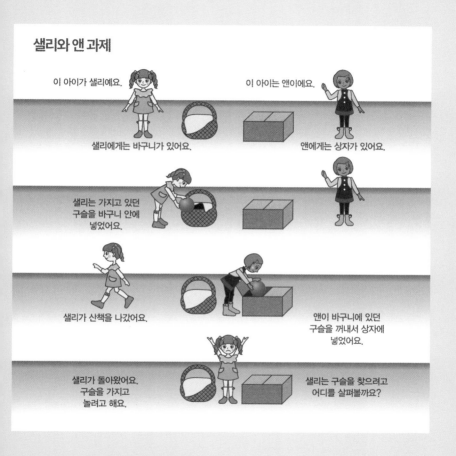

샐리와 앤 과제

이 아이가 샐리예요.

이 아이는 앤이에요.

샐리에게는 바구니가 있어요.

앤에게는 상자가 있어요.

샐리는 가지고 있던 구슬을 바구니 안에 넣었어요.

샐리가 산책을 나갔어요.

앤이 바구니에 있던 구슬을 꺼내서 상자에 넣었어요.

샐리가 돌아왔어요. 구슬을 가지고 놀려고 해요.

샐리는 구슬을 찾으려고 어디를 살펴볼까요?

샐리와 앤 과제는 '틀린 믿음 과제'의 고전적 예다. 다른 사람의 정신 상태를 이해하는 능력은 사회적 상호작용에서 아주 중요한 기술이다.

3.9 친구 사귀기

태어나 십 대가 되고, 아이가 점차 나이 들어가면서 친구를 사귀는 기준도 다양하게 변한다.

어린아이들에게는 기회 친구들(opportunity friends)이 있다. 이들은 보통 부모 친구의 자녀들이다. 아동이 일단 놀이집단이나 학교처럼 보다 넓은 사회적 환경에 들어가면 또래 중에서 친구를 사귈 기회가 늘어나고 친구 선택에서 영향력을 행사할 수도 있다.

7~8세 즈음에는 가까이 살거나 혹은 제일 좋은 장난감을 가지고 있는 아이들과 편의에 의한 친분을 맺는다. 10세 정도가 되면 자기와 가치를 공유하는, 예를 들어 좋아하는 게임이 자기랑 비슷한 아이들과 사귄다. 13세에 이르면, 서로에 대한 이해가 가장 중요한 요인이 된다.

또래 상호작용에는 대화나 신체적인 놀이가 포함된다. 어린아이들 사이에서도 친한 친구끼리 하는 놀이가 친하지 않은 아이들과 하는 놀이보다 훨씬 복잡하다. 다툼이 생겼을 때, 친한 친구끼리는 해결을 위해 노력하는 반면, 친구가 아닌 경우에는 미련 없이 떠나버린다.

어렸을 때는 다툼이나 공격성이 장난감이나 놀이 규칙을 둘러싸고 신체적인 방식으로 나타날 때가 많다. 아동 중기(약 12세경)에는 신체적 공격성이 직접적 모욕으로 대체될 가능성이 높다. 이 시기 많은 아동은 다른 아동들이 어떤 활동을 하는지 보고 그것으로 사회적 지도를 만들고 나서 그들을 친구로 삼을지 적으로 여길지 결정한다.

'평판의 현저성(reputational salience)'은 또래집단 내에서 아동의 사회적 평판에 기여하는 것들을 지칭하는 용어다.

**태어나 자라면서
만들어나가는 우정**

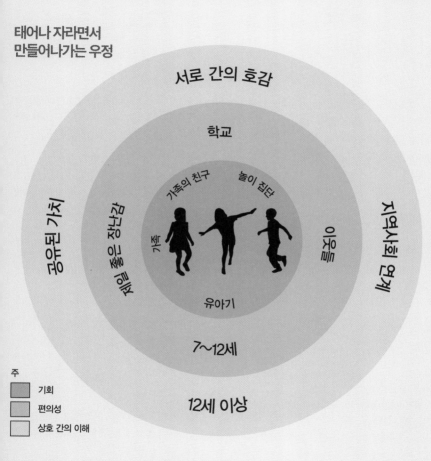

서로 간의 호감

학교

공유된 가치

가족의 친구　놀이 집단

가족

제일 좋은 장난감

이웃들

지역사회 연계

유아기

7~12세

12세 이상

주
　기회
　편의성
　상호 간의 이해

어린아이는 나고 자라면서 계속 친구를 사귄다. 우정의 본질이나 사귀는
친구의 유형 그리고 함께하는 활동이 나이가 들어감에 따라 변해간다.

3.10 노화

노화는 우리 모두에게
일어나며, 그와 함께 일련의
생물학적 변화도 피할 수
없다. 노화는 우리 뇌에 어떤
영향을 미칠까?

나이가 들면서 생기는 변화는 아동기에 나타나는 변화와는 다르다. 연구에 의하면 감각 및 지각 능력(청각, 시각, 이동성) 저하는 사회적 상호작용에 영향을 미치고 정신적 행복에도 영향을 미친다.

인지적 기능 중에 나이가 들어도 크게 변하지 않는 것도 있다. 그러나 주의집중, 특히 선택적 주의집중은 나이 듦에 따라 감소할 수 있다. 그 이유로 여러 가지 일이 함께 일어날 때 어떤 특정한 일에 집중하는 능력이 떨어지고 더 힘들어진다. 주의를 배분하는 능력 역시 저하되기 때문에 한 번에 한 가지 이상의 일에 집중하기가 어려워진다.

지능은 유동성(fluid) 혹은 결정성(crystallised)으로 묘사될 수 있다. 유동성 지능은 어떤 문제에 대해 논리적으로 추론할 수 있는 능력을 포함한다. 결정성 지능은 경험과 획득한 지식의 결과다. 나이가 들면서 경험도 더 많이 쌓이기 때문에 결정성 지능은 증가한다. 그러나 유동성 지능은 나이와 함께 저하되는 듯 보인다. 이런 이유로 익숙지 않은 상황에서는 추론에 어려움을 겪고 정보를 처리하는 데 단순히 더 많은 시간이 필요한 것뿐인데도 나이 든 사람들은 혼란스러워한다는 인상을 준다.

> 한 체스 선수는 살아 있는 동안
> 치매 증상을 전혀 보이지 않았다.
> 그러나 죽은 후 그의 뇌에서
> 알츠하이머 병세가 상당히
> 진행된 증거가 나왔다. 이를 보면
> 인지 능력 쇠퇴는 막을 수도 있는
> 것으로 보인다.

나이 든 사람들이 특정 과제를 수행할 때 어려움을 겪는 데는 다른 이유도 있다. 치매로 인해 뇌에 변화가 올 수 있다. 치매는 모든 정신적 능력의 저하를 초래하는데, 종종 기억력 저하로 시작된다(9.5 참조).

연령별 단계

1 : 아기-기어 다니기 배움
2 : 걸음마기(期)-언어의 시작
3 : 학령기 아동-사회적 기술의 발달
4 : 성인기 시작-독립
5 : 부모가 됨-가족에 대한 책임
6 : 중년-중년기 스트레스에 대처
7 : 연장자 시작-감각 손실의 시작
8 : 연장자-잠재적인 퇴행성 질환

우리의 발달은 출생 이전에 시작되어 요람에서 무덤까지 지속된다. 각 이정표마다 우리는 새롭게 배워야 하는 일련의 기술 혹은 나이와 연관된 건강 문제에 직면한다.

사회적 행동

심리학자 중에는 모든 심리학은 곧 사회심리학이며 우리 존재에서 주변과 떼어놓고 생각할 수 있는 부분은 거의 없다고 주장하는 이들이 많다. 이 장에서는 우리가 생각하고 느끼고 행동하는 방식이 직간접적으로 주변의 사회적 존재나 구조에 영향을 받는다는 생각에 초점을 맞춘다.

지금부터 사회심리학 영역 내의 몇몇 하위 분야를 살펴보려 한다. 태도나 고정관념 형성 같은 것은 우리가 사물이나 사람을 생각하는 방식과 관련된다. 이러한 사고는 어떻게 형성되며 또 어떻게 변화될 수 있는가? 또한 주변세계를 이해하고자 다른 사람들의 행동이나 말에 대한 논리적 설명을 찾으려는 욕구에 관해서도 살펴본다.

나아가 다른 사람들이 우리의 행동에 어떤 영향을 미칠 수 있는지도 알아본다. 이를 통해 어떤 경우에는 다른 사람들을 돕고 또 어떤 경우에는 그러지 않는 이유를 이해해보려 한다. 이는 우리를 동조와 복종의 영역으로 인도하는데, 여기서 우리는 때때로 예측이 거의 불가능한 방식으로 행동하는 우리들 인간의 모습을 볼 수 있다.

주변 사람들이 우리의 생산성과 성과를 증진시키거나 저하시키는 방식도 살펴본다. 이러한 방식은 '사회적 촉진 현상'과 '사회적 태만'이라는 서로 연관된 현상을 중심으로 작동한다. 마지막으로, 다양한 소속 집단과의 밀착 정도를 강조하는 사회정체성 관점을 소개한다.

지금까지 언급한 모든 영역에서 공통된 것은 '사회적 영향'이라는 개념이다. 즉 우리가 일상적으로 생각하고 느끼고 행동하는 방식은 어떤 면에서 주변 사람들의 행동에 달려 있다는 것이다.

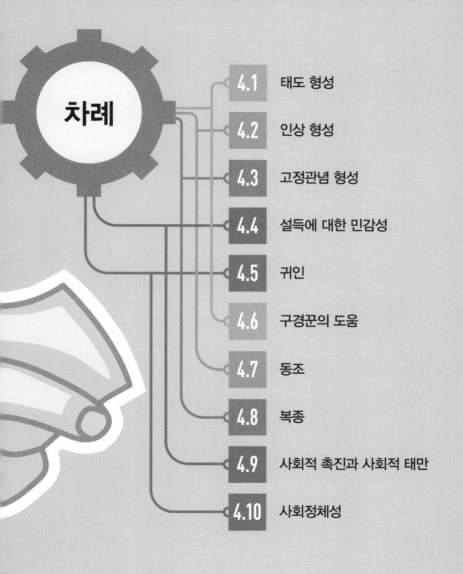

4.1 태도 형성

우리는 사회 속의 어떤 대상이나 관념 및 실체에 대해 끊임없이 평가한다. 그러한 태도는 어떻게 형성되는 것일까?

심리학자 대니얼 카츠(Daniel Katz, 1903~1998)는 우리의 태도 형성 과정에 다음가 같은 몇 가지 특성이 있다고 주장했다.

■ 세상을 이해하려는 욕구.

■ (사회적으로 용납되는 의견을 고수함으로써) 보상을 얻고 처벌을 피하려는 욕구.

■ 강한 신념을 표현하려는 욕구.

■ (스스로에 대해 긍정적 태도를 취함으로써) 심리적 위협으로부터 자기 자신을 방어하려는 욕구.

태도 형성에는 위의 요인 중 하나 혹은 그 이상의 요인들이 얽힌다. 태도가 복잡한 양상을 띨수록 그 형성 과정 역시 더 극단적일 수 있다.

연구에 의하면 태도는 외현적 태도와 암묵적 태도로 나눌 수 있다. 암묵적 태도는 은연중에, 즉 의식하지 못하는 사이에 형성된다(6.5 참조). 그 경우, 태도가 형성되는 것은 금방이지만 변화하는 데는 시간이 걸린다. 이런 태도는 자발적이며 무계획적인 행동에 영향을 미친다.

보통의 정치적 보수주의 같은 어떤 태도는 유전적 기반을 가지고 있기도 하다.

반대로 외현적 태도는 증거나 심사숙고에도 영향을 받고, 그 태도가 형성되기까지 더 많은 정보를 필요로 하지만 금방 변할 수 있다. 외현적 태도는 종종 사회적 규범과 계획된 행동에서도 비롯된다. 이러한 경향은 우리가 균형 잡힌 태도를 추구한다는 것을 시사한다.

균형이론

내가 어떤 사람은 좋아하지만 특정 사물은 싫어하는데, 만약 그 사람이 그 사물을 좋아한다면 삼자관계의 균형이 맞지 않는다.

나는 관계 선의 부호를 하나만 변경하는 것으로 균형을 얻을 수 있다.

프리츠 하이더(Fritz Heider)의 균형이론은 우리가 어떤 사람에 대한 태도와 특정 사물 그리고 특정 사물에 대한 그 사람의 태도 사이에서 균형을 추구함을 보여준다.

4.2 인상 형성

우리가 마주치는 사람을
평가하는 데 걸리는 시간은
30초에서 60초에 불과하다.

우리는 늘 다른 사람의 성격을 판단하는데, 타인에 대한 그러한 인상
은 어떻게 형성되는 것일까? 과연 우리는 제대로 판단하는 것일까?

솔로몬 애시(Solomon Asch) 같은 연구자들은 다른 사람에 대한 판
단이 어떤 기본적 특성을 중심으로 이루어진다고 말한다(1946). 아
울러 그러한 특성에 대한 평가가 다른 속성을 평가하는 데도 영향
을 미친다. 예를 들어 누군가를 따뜻한 사람으로 보느냐 차가운 사
람으로 보느냐에 따라 그들을 얼마나 좋은 사람으로 혹은 얼마나
믿을 만한 사람으로 여길지가 달라질 수 있다. 이러한 평가는 자동
적으로 이루어지는 것으로 보인다.

인상 형성의 또 다른 모델인 노먼 앤더슨(Norman Anderson)의 대수
적 인지 모델(cognitive algebraic models, 1962)은 우리가 긍정적 특
성과 부정적 특성에 대한 평가를 합쳐 하나의 전체적 판단을 내린
다는 생각을 제안한다(89쪽 참조). 일반적으로 사람들은 긍정적 특징
보다는 부정적 특징에 더 비중을 둔다.

첫인상은 특히나 우리의 판단에 영향을 미치고 한번 형성되면 바꾸
기가 매우 어렵다. 데이나 카니(Dana Carney)와 그 동료들에 따르면
우리는 외향성이나 지능 그리고 성실성 등에 관해서는 실제로 상당
히 신속하고 정확하게 평가한다(2007).

다른 사람에 대한 인상을 형성할 때 우리는 외모, 얼굴 표정, 그 이
외 다른 정보와 함께 다른 사람들의 행동 속성 그리고 그 사람이 속
한 집단에 관한 우리의 고정관념 역시 활용한다(4.5 참조).

**인상을 형성할 때
일반적으로는 긍정적 특징보다
부정적 특징에 비중을 둔다.**

대수적 인지 모델

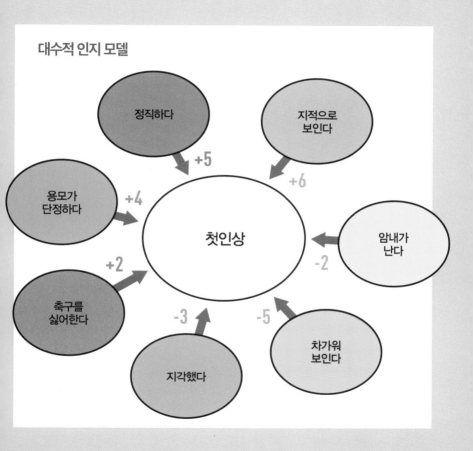

이 모델에서는 긍정적 측면과 부정적 측면을 모두 고려해 판단하는데, 각각의 고려 항목마다 최종 결정에 미치는 가중치가 다르다. 위의 예에서 받은 점수는 +7로 첫인상이 긍정적이다.

4.3 고정관념 형성

사람들을 특정 유형으로 분류해서 바라보는 것이 사람들을 그저 한 개인으로 국한해서 보는 것보다 세상을 이해하는 데 더 도움이 되지만 분명 부정적인 측면도 있다.

고정관념을 형성할 때 우리는 개인차는 무시하거나 최소화하고 그 사람이 속한 집단에 근거해 판단하는 경향이 있다. 고정관념 내용 모델(Stereotype Content model, 2002)에 따르면 고정관념에는 어느 개인이나 집단에 대해 우리가 인식하는 친밀감과 능력의 정도에 근거한 판단이 포함된다. 어떤 조합이냐에 따라 반응도 달라진다.

■ 높은 친밀감과 낮은 능력으로 인식되는 집단(예컨대 엄마들)은 적극적인 행동 및 보살피는 감정을 이끌어낸다.

■ 낮은 친밀감, 높은 능력 집단(유능하지만 경멸당하는 민족)은 질투를 일으키고 적대적 행동을 끌어들인다.

■ 낮은 능력, 낮은 친밀감 집단(노숙인)은 회피와 동정 혹은 혐오를 불러온다.

■ 높은 친밀감, 높은 능력 집단은 호의적인 행동과 감탄 같은 감정을 이끌어낸다.

우리는 자주 무의식적으로 고정관념을 형성하고 고정관념과 일치하는 증거들을 찾으면서 그것과 맞지 않는 정보들은 무시한다. 이런 이유로 고정관념은 바꾸기가 쉽지 않다. 사실 우리는 어떤 집단 전체에 대한 고정관념을 바꾸기보다는 그 범주 안에서 개인들이 속한 하위 집단을 만드는 경향이 있다.

고정관념은 다른 사람들에 대한 우리의 행동에 영향을 끼친다. 이는 다른 사람들의 반응에도 영향을 끼치며 결국 악순환으로 이어진다.

성(gender) 고정관념

파티에서 이야기를 나누고
있는 조지와 신디는
키가 비슷하다. 다음 날
조지는 신디가 자기보다
키가 작다고 기억한다.
성 고정관념 때문에 생긴
실수다.

연구에 따르면 사람들은 성 고정관념 때문에 다른 사람들의 키를 예측할
때 종종 실수를 한다. 고정관념이 바뀌기 어려운 것은 고정관념이 기본
적 인지 과정에 영향을 미치기 때문이기도 하다.

4.4 설득에 대한 민감성

당신은 설득력이 있는가?
설득의 성공 여부는 당신이
전달하는 메시지가 지닌
설득력만큼이나 청중의
기분에 달렸다.

심리학에서 설득은 상당히 중요한 주제다. 여기서는 예일 모델(Yale model), 휴리스틱체계 모델(HSM; Heuristic-Systematic Model), 정교화 가능성 모델(ELM; Elaboration Likelihood Model)의 세 가지 모델을 중심으로 논의한다.

■ **예일 모델**은 메시지의 출처, 메시지 자체, 메시지를 받는 사람이 모두 설득의 성공 여부에서 중요한 요인이라고 주장한다. 따라서 설득력이 있으려면 출처가 매력적이고 호감이 가며 믿을 만한 메시지여야 하고, 메시지를 받는 사람과 공유될 만한 것이어야 한다. 짧고 강한 메시지가 길고 약한 메시지보다 영향력이 크다. 메시지는 일관적이어야 하며 자주 반복되어야 한다.

■ **휴리스틱체계 모델**은 우리가 메시지를 처리하는 방식이 둘 중 하나라고 주장한다. 첫 번째는 체계적이다. 우리는 논쟁의 본질, 그것의 논리와 진실성에 초점을 맞춘다. 두 번째는 지엽적이며, **휴리스틱**(heuristics)을 이용한 직관적 추론에 좀 더 의존한다. 즉 그 메시지의 출처는 무엇이며, 얼마나 긴가?

■ **정교화 가능성 모델**은 메시지를 받는 사람이 동기부여가 되어 있고 능력이 있으면서 주의를 기울인다면 그 메시지를 상당히 신중하게 처리할 것이라고 주장한다(높은 정교성). 그러나 동기가 부족하거나 주의가 산만하면 그렇지 않을 것이다(낮은 정교성).

체계적이고 정교함이 높은 처리 과정은 태도를 변화시키는 데 많은 노력이 들어가지만 일단 변화되고 나면 그 상태가 훨씬 안정적으로 오래도록 지속된다.

몇몇 증거에 따르면
여성이 남성에 비해,
젊은 성인이 나이 든 성인에 비해
더 잘 설득되는 것으로 보인다.

정교화 가능성 모델

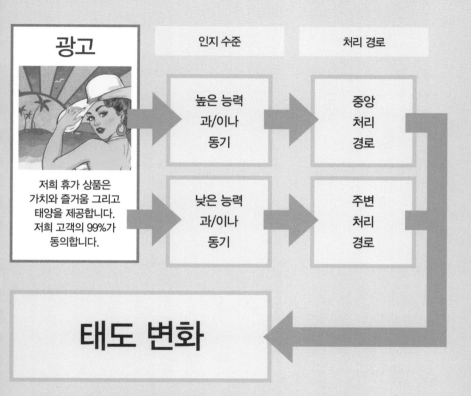

정교화 가능성 모델에 의거하면, 광고를 접했을 때 우리는 중앙 처리 경로 혹은 주변 처리 경로를 따를 수 있다. 각각의 경로는 서로 다른 신호에 영향을 받으며 그에 따라 변화의 양상도 다르게 나타난다.

4.5 귀인

다른 사람들의 행동은 물론
우리 자신의 행동을 해석하는
데도 어떤 편견이 작용한다.

우리가 다른 사람들의 행동 원인을 설명하려 할 때 사용하는 귀인
(attributions)은 다음 두 가지 범주로 나뉜다. 즉 개인의 성격과 관련
된 내적 귀인이거나 개인의 상황과 관련된 외적 귀인이다.

1973년 헤럴드 켈리(Harold Kelley)는 공변 모형(covariation models)
을 통해 우리의 판단은 개인의 행동이 얼마나 일관적이냐로 어느
정도 결정된다고 주장했다. 첫째, 다른 사람들의 행동과 비교할 때
얼마나 일관적이게 행동하는가? 둘째, 당신이 그 사람을 다른 때
다른 상황에서 만났는데도 행동이 일관되게 나타났는가?

흥미롭게도 다른 사람들에 대해 귀인을 할 때 우리는, 특히 그들이
사회적으로 바람직하지 않은 방식으로 행동할 경우에, 그들의 행동
을 성격 측면에서 바라보는 경향이 있다. 반면 우리 자신의 행동은
처한 상황 탓에 그럴 수밖에 없었다고 보는 경향이 크다.

또한 편견은 문화권에 따라 다르게 나타난다는 증거도 있다. 예를
들어, 집단주의적 사회(인도)의 아동도 개인주의적 사회(미국)의 아
동과 비슷한 정도의 외적·내적 귀인을 한다. 그러나 점차 나이가
들어감에 따라 편견이 형성되어 집단주의 문화에서는 외부적 귀인
으로, 개인주의적 사회에서는 내부적 귀인으로 기운다(8.8 참조).

자신의 행동을
거울에 비춰본다면 당신이
그 행동의 원인을 쉽게
상황 탓으로 돌리는 것을
보게 될 것이다.

상응적 추론 이론

＋

기대하지 못한 행동

＋

자유 선택

오늘 조니는 광대 옷을 입고 출근하기로 결정했다.

분명한 의도

＝

상응적 추론

존스와 데이비스(Jones and Davis)의 상응적 추론 이론은 세 가지 속성, 즉 자유 선택, 기대하지 못한 행동, 분명한 의도가 모두 실재할 때 개인의 특성이 행동에 반영된다고 본다.

4.6 구경꾼의 도움

위급한 상황에서 사람들은 영웅적 행동을 할 능력이 있는데도 개입을 못하는 경우가 있다. 왜 그럴까?

구경꾼의 도움(helping bystanders) 뒤에 있는 동기를 설명하고자 심리학자들은 도움 행동(helping behavior) 모델을 사용한다.

위급한 상황을 접했을 때 우리는 기본적으로 책임을 떠맡을지 말지, 즉 관여 여부를 정해야 한다. 일단 관여하게 되면 우리는 도움 행동을 선택하고 그에 따라 움직인다. 그런데 우리로 하여금 그러한 책임을 지도록 한 첫 번째 동기는 무엇인가?

필라빈(Piliavin) 및 동료들의 비용-보상 모델(cost-reward model, 1969)이 답을 제시한다. 위급한 상황에 처한 피해자를 보면 우리 안에 부정적인 심리적 각성이 일어나기 때문에 그것을 줄이려는 동기가 생긴다.

우선 우리는 도움 행동을 가능하게 하는 요인을 다음과 같이 분석한다. 도움을 줌으로써 얻을 수 있는 보상은 무엇인가? 만약 내가 돕지 않는다면 다른 사람들이 뭐라고 하지 않을까 등등. 그리고 예상되는 위험 등 도움 행동을 억제하는 요인도 분석해본다. 도움 행동을 지지하는 요인과 억제하는 요인을 따져보면서, 직접 도울지 간접적으로 도울지, 그 상황을 무시할지, 아니면 그 상황에 대한 인식 자체를 바꿀지 결정한다. 피해자가 처한 곤경에 자신이 어느 정도 책임이 있다고 보느냐에 따라 우리의 도움 행동은 달라질 수 있다(4.5 참조).

위급한 현장을 목격한 사람이 많을수록 실제로 도움을 제공하는 사람은 적을 수 있다. 이를 '방관자 효과'라 한다.

사고에 대한 대응

위급한 상황에서 필요한 도움이 무엇인지 확실히 보이고 그에 대해 어떻게 대응해야 할지 안다면 사람들의 개입 가능성은 훨씬 높아진다. 이 두 가지 요인은 모두 훈련을 통해 개선될 수 있으며, 따라서 사람들이 위급한 상황에 개입하는 비율도 증가시킬 수 있다.

4.7 동조

우리는 끊임없이 생각과 태도 그리고 행동을 주변 사람들에게 맞춘다. 의구심을 가지면서도 그렇게 한다.

동조는 행동에 변화를 초래하며 사회적 영향의 결과로 나타난다(4.4와 4.8 참조).

1936년 무자퍼 셰리프(Muzafer Sherif)는 동조 경향을 최초로 밝혀내는 실험을 했다. 그는 참여자들에게 어두운 방 안의 작은 불빛의 움직임을 예측해보라고 했다. 그러나 실제로 불빛은 고정되어 있었으며, 움직임이라고 느낀 건 시각적 착시였다. 실험은 집단을 대상으로 실시되었으며, 준거 기준이 없었음에도 불구하고 고작 몇 번의 시행 끝에 참여자들의 예측은 하나로 통합되었다.

1951년 솔로몬 애시가 행한 실험에서도 유사한 결과가 나왔다. 기본 선분과 여러 개의 비교 선분을 함께 제시했을 때(99쪽 참조), 참여자들은 기본 선분(line)과 그에 맞는 비교 선분을 매우 정확히 짝지었다. 그러나 사실은 실험 도우미인 다른 참여자들이 말하는 답(틀린 답이었다)을 듣고는 실제 참여자들 역시 틀린 답을 말한 것이었다. 놀랍게도, 참여자들의 25%만이 틀린 답을 따라하는 현상에 동조하지 않은 것으로 나타났다.

이 두 연구는 사람들이 언제 그리고 어떻게 다른 사람들에게 동조하는지를 밝히는 거대한 프로그램의 출발점이 되었다.

애시의 연구에서, 참여자의 50%가 적어도 실험이 진행되는 시간의 절반 동안 잘못된 판단에 동조했다.

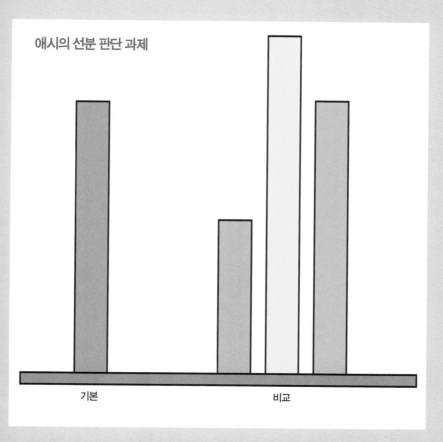

애시의 선분 판단 과제

기본

비교

이것은 아마 심리학에서 가장 잘 알려진 선분 모음일 것이다. 애시는 사람들
이 자기들 앞에 있는 명확한 증거와 일치하지 않는데도 불구하고 (적어도 공
개적으로는) 다른 사람들의 판단에 동조하는 모습을 실험으로 보여주었다.

4.8 복종

당신이 과연 낯선 사람에게 450볼트의 전기 충격을 가할 수 있을까? 다시 잘 생각해보라. 때때로 복종에 대한 충동은 우리로 하여금 이상한 일을 하도록 만든다.

1960년대의 밀그램 연구(Milgram studies)는 복종의 특성 가운데 가장 충격적인 결과를 보여주었다. 일련의 실험에서 개인은 자신들과 마찬가지로 실험 참가자이면서 약간의 심장 질환을 가진 것으로 알고 있는 누군가에게 점차 강도가 높아지는 전기 충격을 가했다.

가상의 전기 충격이 15볼트에서 450볼트로 높아짐에 따라, 다른 참가자(실제로는 연기자)가 다른 방에서 소리를 지르고 흐느끼는 걸 들을 수 있다. 참가자가 전기 충격을 가하기를 주저하면, 그 혹은 그녀는 실험자(이 연구의 책임자)로부터 만약 그들이 충격 가하는 일을 멈추면 실험이 실패하고 만다는 말을 듣는다.

실험 전에 스탠리 밀그램(Stanley Milgram)은 전문가들과 비전문가들을 대상으로 참가자들이 사용할 것으로 예상되는 전기 충격의 정도와 각 전압별로 예상되는 사용 빈도에 대한 설문을 실시했다. 대부분이 300볼트 이상의 충격을 가하는 참가자는 없으리라고 예측했다. 전문가들은 10% 정도만 180볼트를 넘길 테고 0.01%만 최대치에 도달할 것이라는 예상치를 제시했다. 실제로는 어떤 일이 벌어졌을까? 약 20%가 150볼트 이상의 충격을 가했고, 63%가 잠재적으로 치명적인 450볼트의 충격을 가했다.

이 연구를 둘러싼 윤리적 문제에도 불구하고(그리고 1960년 이후 사회도 변했다) 이 실험은 '권위'의 효과가 얼마나 큰지, 그리고 어떻게 보통 사람들이 특정 상황에서 끔찍한 일을 행할 수 있는지를 확실히 입증했다.

밀그램 연구에서, 실험 참가자를 보도록 하거나 전기 충격을 가하는 사람에게 가면을 씌우자 지시를 따르는 수준이 달라졌다.

규칙에 복종

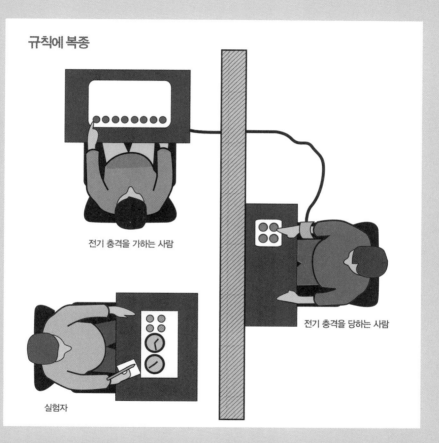

전기 충격을 가하는 사람

전기 충격을 당하는 사람

실험자

실험 참가자들은 전기 충격을 당하는 사람을 볼 수 없었다. 다만 비명은 들을 수 있었다. 분명한 신체적 고통에도 불구하고 참여자들 대다수는 그 고통을 생각해 전기 충격을 가하는 일을 멈추지는 않았다.

4.9 사회적 촉진과 사회적 태만

다른 사람의 존재가 우리의 과업 수행에 영향을 미치는 이유는 무엇일까?

사회적 촉진(social facilitation)은 다른 사람이 존재한다는 것 때문에 수행이 증진되는 현상이다. 이는 1898년 노먼 트리플렛(Norman Triplett)에 의해 처음 관찰되었는데, 자전거 경주 선수들이 함께 달리는 상대가 있을 때 더 빨리 달렸다.

1965년 로버트 자이언스(Robert Zajonc)는 간단한 과제라면 다른 사람들의 존재에 의해 수행이 촉진되지만 복잡하거나 새로운, 혹은 숙달되지 않은 과제에서는 오히려 수행이 억제된다고 주장했다. 이런 결과가 나타나는 이유로는 여러 가지를 고려해볼 수 있다. 다른 사람들에 의해 평가받는 것에 대한 부담 때문일 수도 있고 아니면 단순히 산만해져서일 수도 있다.

사회적 태만(social loafing)은 집단의 총합적 노력에 의한 수행이 집단 구성원 각자의 능력의 합보다 낮을 때 나타난다. 지금까지 웃음이나 창의성 과제, 신체적 운동을 포함해 다양한 과제가 이 주제와 연관해 실시되었다. 이런 현상이 나타나는 것은 집단 조정력의 부재나 동기의 손실 때문으로 보인다.

사회적 태만의 효과는 개인이 자신의 수행에 대해 책임질 필요가 없으며, 다른 사람들이 열심히 하지 않는다고 의심할 때 혹은 다른 사람들의 노력에 무임승차할 때 가장 강력하다. 일반적으로 집단의 크기가 커질수록 사회적 태만의 효과 역시 증가한다.

어떤 식으로든, 위의 두 현상은 주어진 상황에서 우리의 과업 수행에 큰 영향을 미친다.

촉진과 태만에 관한 연구는 초기의 경험적 사회심리학 연구들 중에서 상위에 속한다.

제 몫 다하기

만약 각 사람이 혼자서 4단위만큼 힘을 쓸 수 있다면, 네 명으로 구성된
집단이 잡아당기는 힘의 총합은 16단위여야 한다. 만약 총합이 이보다
적다면, 사회적 태만이 발생한 것이다.

4.10 사회정체성

집단 소속감은 우리에게
뿌듯함을 주는데, 때로는 다른
사람들의 희생이 따른다.

헨리 타즈펠(Henri Tajfel)과 존 터너(John Turner)는 자기들의 사회 정체성 이론을 통해 집단에 소속되는 것은 종교 집단이든 축구 팬클럽이든, 혹은 어떤 것이든 간에 심리적 유익을 준다고 주장한다 (1979). 한 집단의 회원이라는 지위가 우리로 하여금 자기가 속한 **내집단**(ingroup)과 다른 사람이 속해 있는 **외집단**(outgroups) 간에 유리한 비교를 하게 해주기 때문이다.

존 터너 및 동료들의 자기 범주화 이론에 따르면 우리는 우리 자신을 때로는 개인으로, 때로는 집단의 구성원으로, 때로는 둘의 혼합으로 본다. 어떤 상황이 주어졌건 간에 자기가 속한 집단을 다른 집단과 비교했을 때 최대한 자신에게 유리하도록 정체성을 선택한다.

집단정체성이 선택되면, 세상을 집단의 관점에서 바라보며 다른 사람들을 개인이 아닌 집단의 구성원으로서 대한다(4.3 참조). 집단 구성원에게서 드러나는 특성이나 그들이 경험하는 감정적 반응도 모두 그 집단에는 전형적인 것이다(105쪽 그림 참조).

우리는 내집단 구성원들은 좀 더 다양하다고 여기고 외집단 구성원들은 실제보다 덜 다양하다고 여기는 경향이 있다. 이러한 집단 수준의 효과는 우리가 공유하는 역사가 아주 짧거나 전혀 없는 임의적 집단에 배정되었을 때조차 발생할 수 있다.

자기정체성의 상당 부분은 사회적 멤버십, 즉 우리가 어떤 집단의 구성원이냐에 기초한다. 이런 점은 우리에게 영향을 미치며, 무엇보다도 우리가 다른 사람에 관해 생각하고 행동하는 방식에 영향을 미친다.

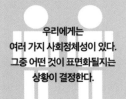

우리에게는
여러 가지 사회정체성이 있다.
그중 어떤 것이 표면화될지는
상황이 결정한다.

자기정체성

| | | | 자기 자신 | | 비교 대상(자기 자신이 아님) |

상황	정체성	샘	샘의 부서 동료들	샘의 회사 동료들	다른 회사 사람들
자연재해와 같은 심각한 사건	인간으로서의 자기 자신				
큰 회사의 일원	많은 사람 중 한 명으로서의 자기 자신				
부서의 일원	여러 사람 중 한 명으로서의 자기 자신				
개인적 상황	개인으로서의 자기 자신				

자기정체성은 상황에 따라 달라진다. 거대한 위기가 닥치면 샘은 자신을 전 인류와 동일시할 것이다. 직장 내에서는 자신을 부서의 일원으로 여길 것이고 여러 회사가 함께하는 행사에서는 회사를 대표하는 사람으로 여길 것이다. 개인적 수준에서 샘은 자신을 한 개인으로 인식할 것이다.

인지:
우리의 세계관

5

인지는 주변 세상을 이해하고 세상과 상호 작용할 수 있게 하는 여러 복잡한 정신적 과정에 적용되는 용어다. 인지심리학은 이러한 과정이 어떻게 작동하고 상호작용을 하는지 연구한다.

이 장은 지각, 즉 세상을 향한 우리 뇌의 창문부터 살펴본다. 망막에 맺힌 빛의 무늬에서 어떻게 3차원 형상이 만들어지는 것일까?

그다음 세 가지 주제는 기억으로, 특히 사물과 얼굴 인식에 관한 기억과 뇌의 복잡한 기억 체계, 다양한 기억 과정과 연관된다. 기억들이 어떻게 정신적 표상으로 부호화되고, 저장을 위해 응고화되며, 필요할 때 다시 인출되는지를 밝힌다.

그리고 복잡한 과제를 수행하는 방식, 예컨대 뇌가 식료품 장보기 과정에 포함된 다양한 단계를 어떻게 조정하는가 하는 주제를 다룬다. 이런 과제를 수행하려면 그와 관련된 다양한 모듈화 과정이 함께 작동해야 하는데, 바로 여기서 집행 기능이라는 감독 과정이 시작된다. 이는 특정한 일에 주의를 집중하는 것뿐 아니라 필요하면 상충하는 과제들 사이에서 주의를 분할하는 능력과 더불어 동시에 작동한다.

우리 뇌는 광범위한 정신적 활동을 수행할 수 있다. 첫째, 문제를 해결하는 작업에 전념하는 장소, 즉 작업 기억이 있다. 다음으로 우리만의 독특한 언어 능력이 있다. 두 가지 모두를 이 장에서 자세히 다룬다.

이 장의 마지막 두 부분은 판단과 선택이 통계적 추론보다는 경험에 의한 법칙에 근거해 이뤄지는 것을 살펴본다. 또한 우리의 추론 능력이 어떻게 논리는 물론 현실세계의 지식에도 큰 영향을 받는지 알아본다. 생각거리를 던져줄 것이다!

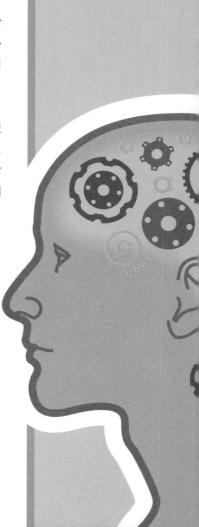

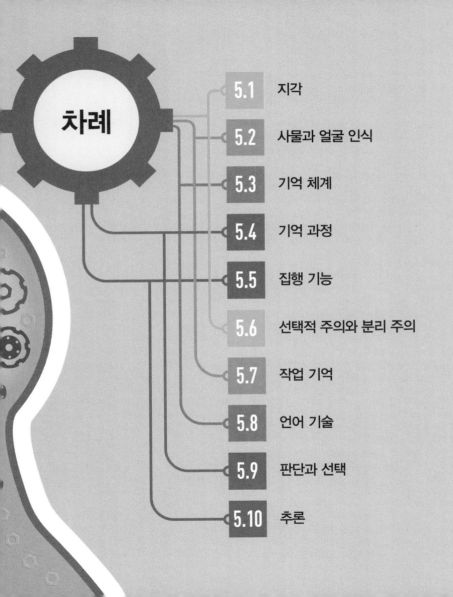

5.1 지각

우리의 감각은 세상을 향한 창문과 같다. 뇌는 감각을 통해 전달된 정보를 처리함으로써 우리가 주변 세상을 인식하고 마음껏 활보할 수 있도록 해준다.

우리는 시각, 소리, 냄새, 맛, 촉각 그리고 몸의 위치(body position)를 통해 정보를 받아들인다. 이러한 정보는 신속하게 그리고 무의식적으로 처리되어 바로 그 시점의 우리 주변 세상에 대한 정신적 표상 혹은 **지각표상**(percept)을 만들어낸다. 여기서는 시각을 다룬다.

망막에 맺힌 2차원 형태로부터 어떻게 3차원의 지각 대상을 도출하는 것일까? 첫 단계는 사물의 특징을 식별하는 것이다. 탁자의 모서리, 수평선, 수직선 그리고 기타 등등은 뇌의 서로 다른 세포를 활성화한다. 노벨상 수상자 데이비드 허블(David Hubel)과 토르스텐 비젤(Torsten Wiesel)이 이에 대한 생리학적 증거를 발견했다. 그런 다음 이러한 특징을 근접성(proximity) 같은 **게슈탈트** 원칙에 따라 다시 짜 맞춘다. 가까이에 함께 모여 있는 특징들은 아마도 같은 사물에 속할 것이라는 생각이다. 사물의 3차원적 본질은 원근법(철도선이 서로 만나는 것을 생각하라) 같은 단서와 각 눈에 도달하는 형상 간의 각도 차이로부터 도출된다.

시각 정보를 활용해 세상을 누비려면(navigate) 사물의 크기, 모양, 위치에 대한 정보가 필요하다. 움직일 때마다 이러한 정보가 어떻게 변하는지에 관한 끊임없는 피드백도 필요하다. 신경심리학 연구는 그런 식의 정보 처리와 관련해 두 개의 대뇌피질 경로를 확인했다. 하나는 '무엇(what)'에 관한 경로고 다른 하나는 '어디(where)'에 관한 경로다.

뇌 손상으로 인한 맹시(blindsight)를 가진 사람들은 사물이 보이지 않는다면서도 마치 보고 있는 것처럼 행동한다.

착시 현상

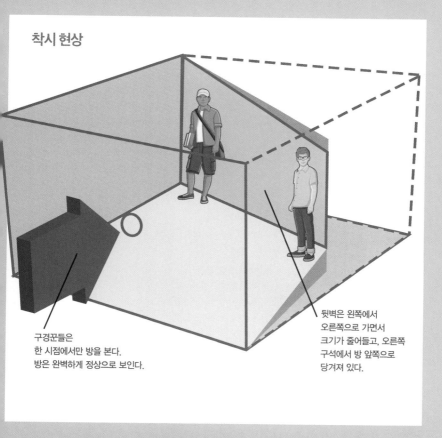

구경꾼들은
한 시점에서만 방을 본다.
방은 완벽하게 정상으로 보인다.

뒷벽은 왼쪽에서
오른쪽으로 가면서
크기가 줄어들고, 오른쪽
구석에서 방 앞쪽으로
당겨져 있다.

에임스 방(Ames Room)은 착시를 만들기 위해 깊이의 지각과 관련된 단
서를 조작했다. 두 소년의 키가 같음에도 한 명이 다른 한 명에 비해 마
치 거인처럼 커 보인다.

5.2 사물과 얼굴 인식

형상 인식에는 기억 저장소에서 일치하는 형상을 찾을 때까지 비교하는 것도 포함된다. 경험과 기대 모두 제각각 맡은 역할이 있다.

컴퓨터과학자 데이비드 마아(David Marr)는 생리학과 실험심리학 증거를 이용해 사물의 시각적 인식이라는 역할을 맡는 것으로 여겨지는 심리학적 과정에 관한 상당히 영향력 있는 컴퓨터 모델을 고안했다(1982). 먼저 밝은 화소의 모자이크로 사물을 표상하는 것부터 시작한다(망막을 자극, 5.1 참조). 그리고는 가장자리나 모퉁이 같은 속성을 추출해 함께 연결한다. 마지막으로, 지각 대상의 3차원적 표상을 도출한다. 다음으로, 일치되는 것을 발견할 때까지 기억 저장소를 살펴본다.

마아의 모델은 인간이 만든 사물을 인식하는 것과 관련해서는 상당히 많은 것을 알려주었으나 얼굴 인식과 관련해서는 어려움에 봉착했다. 왜냐하면 모든 얼굴이 같은 속성을 가지고 있어서(코와 입 등), 얼굴 인식을 위해서는 이러한 속성의 배치나 피부 질감, 얼굴의 깊이 그리고 얼굴 외곽선이나 이마선 같은 특징에 의존해야 하기 때문이다.

그렇다면 다양한 각도에서 바라볼 수 있는 사물이나 얼굴을, 부분적으로는 보이지도 않거나 일반적으로 어려운 조건에서는 어떻게 인식할 것인가? 비록 제한적이긴 하지만 머릿속으로 그 지각표상을 인식하기 가장 좋은 각도로 돌려놓을 수 있는 능력에 어느 정도 의존한다. 또 이전에 사물이나 얼굴을 여러 다른 각도나 다양한 상황에서 보았던 것이 기억 저장소에 있다. 마지막으로, 우리에게는 지적 추측을 가능하게 하는 예측 능력이 있다.

어떤 유형의 머리 부상은 친밀한 얼굴을 인식하지 못하게 함으로써 배우자나 자녀 그리고 부모마저 알아보지 못한다.

윤곽 처리

위에서 아무 얼굴이나 택해 세밀한 묘사를 적은 후 친구에게 책과 함께
보여주고 어떤 얼굴을 묘사한 것인지 찾도록 해보라. 깜짝 놀랄 정도로
어려운 일임을 알게 될 것이다.

5.3 기억 체계

연 날리는 법을 아는 것과 유럽의 수도를 아는 것은 의존하는 기억 체계가 서로 다르다.

기억은 종류가 다양하다. 우리는 최근의 사건이나 예전의 사건들, 어떤 광경이나 소리, 사실이나 숫자, 사건이나 기술 등에 대한 기억이 있다. 이 같은 다양성은 복잡한 체계를 암시한다(115쪽 참고).

가장 현저한 차이는 단기 기억과 장기 기억 간에 있다. 장기 기억이 몇 년 동안 내용을 보유하는 것과 달리 단기 기억은 정보를 단 몇 초 정도만 유지한다. 장기 기억은 다시 서술적 기억 체계와 비서술적 기억 체계로 나뉜다.

서술적 기억(declarative memory)은 사건이나 사실을 위한 것이다. 이는 적극적으로 기억하기를 요구한다(예를 들어 지난번 생일 파티에서 일어난 사건들). 이 체계는 다시 일화 기억(사건)과 의미 기억(사실)으로 나눌 수 있다.

비서술적 기억(non-declarative memory)은 서로 다른 종류의 학습과 관련된 세 가지 하위 체계로 구성된다. 여기서 학습의 산물은 배운 자료를 적극적으로 기억해내기보다는 배운 것을 재생산함으로써 입증된다. 우리는 자전거를 탈 줄 안다는 것을 입증하고자 할 때 배운 것을 말로 묘사하기보다는 실제로 자전거를 탄다.

미래 예측 기억은 미래에 해야 할 일을 기억하는 능력이다. 여기에는 계획과 같은 실행 기능은 물론 서술적·비서술적 기억 체계 역시 요구된다(5.5 참조).

기억상실증이 있는 사람들은 새로운 기술은 배울 수 있으나 학습과 관련된 일화는 전혀 기억하지 못한다.

장기 기억

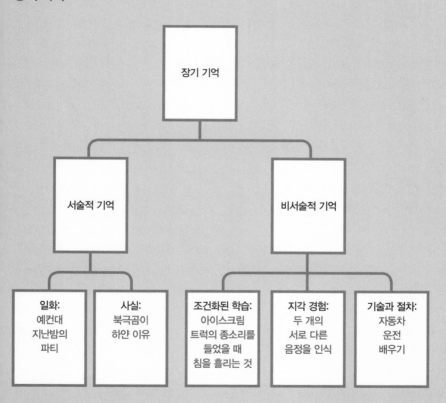

기억은 체계의 연합으로 구성된다. 장기 기억의 주요 체계 일부가 관련
활동의 예와 함께 위에 기술되었다.

5.4 기억 과정

같은 정보라도 어떤 때는 기억이 나고 또 어떤 때는 기억이 안 난다. 그렇다면 기억은 과연 제대로 작동하고 있는 것인가?

기억은 정보가 **부호화**(encoded)되었을 때의 세부적 내용, **응고화**(consolidated) 정도, 그리고 그것을 찾고 **인출**(retrieved)하는 효율성에 달렸다. 어떻게 이런 일이 일어나는지는 기억의 유형에 따라 달라진다.

사건은 시간과 장소 같은 맥락 안에서 일어난다. 사건에 대한 기억의 흔적은 이런 맥락과 함께 부호화되고 현존하는 기억에 연결된다. 사실에 대한 기억은 관련된 사실적 기억에 특화되어 있다.

기억의 흔적에 대한 응고화는 시냅스 혹은 시스템이다. 시냅스 응고화는 일시적이며 단기 기억과 관련된다. 시스템 응고화는 장기 기억 저장을 위한 기제다. 기억은 뇌 안에서 **해마**(hippocampus)에 의해 처리되고 대뇌피질 전체에 걸쳐 멀리까지 분포되어 저장된다.

기억한다는 것은 찾고 인출하는 적극적 과정이다. 상황에 의해 제공되는 신호, 예를 들어 "엊저녁에 어디 있었어?" 같은 질문 등에 의존한다. 이러한 의존성은 때때로 인출을 신뢰할 수 없도록 한다. 인출 과정에서 추론과 추정에 의해 기억이 잘 다듬어지기도 하는데 이는 왜곡을 용이하게 만든다. 우리의 기억이 실패할 때 그 이유는 보통 부호화나 응고화가 서투른 경우, 비슷한 기억들 간에 혼란이 생겼거나 인출을 위한 신호가 부족한 경우다. 이처럼 수없이 많은 단점에도 불구하고 10년 전의 기억을 떠올릴 수 있다는 것은 정말로 놀라운 일이다.

한번은 어떤 심리학자가 강간범으로 몰렸다. 피해자가 공격을 당하던 순간에 TV에서 그의 얼굴을 본 탓이었다 (브래들리 외, 2009).

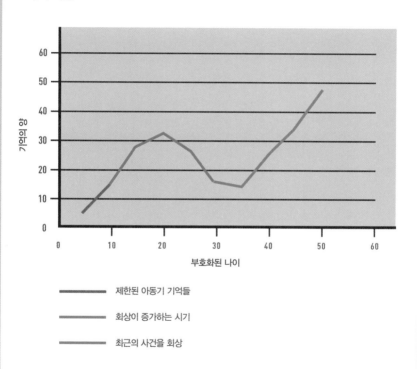

기억 회상

기억의 양 (y축)

부호화된 나이 (x축): 0, 10, 20, 30, 40, 50, 60

제한된 아동기 기억들

회상이 증가하는 시기

최근의 사건을 회상

위의 이상적인 도표는 생의 각기 다른 시점으로부터 회상할 수 있는 기억의 양을 보여준다. 초기 기억은 거의 없지만, 성인기 초기부터 기억은 양이 상당히 많다. 약 40세 무렵부터 기억은 점차 그 사건이 얼마나 최근이었느냐에 달린 문제가 된다.

5.5 집행 기능

우리 각자는 맡은 역할을 충실히 수행하는 여러 과정에 의존하는데, 이들은 함께 작동하면서 의식적 정신 활동의 우선순위를 정하고 조정한다.

도널드 노먼(Donald Norman)과 팀 셸리스(Tim Shallice)는 세미나에서 발표한 논문(1980)에서 우리의 일상생활은 두 가지 체계가 관장한다고 주장했다.

첫 번째 체계는 **자동화**(automated)되어 있는 것으로, 출근처럼 일상적이며 상당히 반복적인 행동을 담당한다. 이 과정은 실제로는 복잡한 과제지만 엄청나게 반복 학습되었기 때문에 아무 생각 없이 행하게 된다.

두 번째는 **집행**(executive) 체계로 다른 모든 복잡한 과제 수행에 필요하다. 쇼핑을 할 때도 목표를 설정하고(목록 작성), 해야 할 일의 계획과 우선순위를 정하며(어떤 가게들을 어떤 순서로 갈지?), 지각과 기억과 행동을 조정하는 것(지금 있는 곳은 어디고 어디에 갔으며 다음은 어디로?)이 필요하다. 이러한 과정이 함께 **집행 기능**(executive function)을 수행한다. 그 과정을 주의 깊게 살펴보면, 쇼핑은 행동의 순서를 적절히 배열하고 여러 가지 일 사이에서 주의를 신속히 전환하는 것을 필요로 함을 알게 된다. 성공적 쇼핑은 당면한 과제에 집중하고 방해되는 요소를 억제하는 데 달렸다. 뇌 난쟁이(homunculus)나 '머릿속 작은 사람' 같은 개념에 호소하지 않고서는 어떻게 이 모든 일이 가능한지 설명하기 어렵다.

집행 기능의 중요성은 뇌의 전두엽이 손상되었을 때 드러난다. 그 경우 지능이나 언어, 지각 혹은 기억에는 약간의 장애만 나타나는데도 불구하고 주의가 산만해지고 일상적 활동을 조정할 수 없게 되어 삶 전체가 무너져 내릴 수 있다.

전두엽 손상으로 인한 환경의존증 환자는 치료사가 하는 모든 일을 아주 세밀한 부분까지 따라한다.

머릿속 작은 사람

우리 머릿속의 작은 사람, 곧 뇌 난쟁이에
대한 생각을 받아들인다면, 우리는 그 작은
사람의 기억을 설명하기 위해 그 작은
사람 안의 작은 사람을 이야기해야 한다,
이런 식으로 설명은 끝없이 이어질 것이다.

감독 기제(supervisory mechanism)를 언급하지 않고 집행 기능이 실제로
어떻게 작동하는지 설명하기란 어려운 일이다.

5.6 선택적 주의와 분리 주의

어떤 과제는 우리의 전적인 주의를 필요로 하는 반면 어떤 과제는 우리의 주의를 분리하도록 요구한다.

선택적 청각 주의(selective auditory attention)는 다른 메시지들은 무시하고 한 메시지만 들을 수 있는 능력이다. 도널드 브로드벤트(Donald Broadbent)는 이를 **청각적 경로**(auditory channel)로 설명했는데(1958), 하나의 메시지를 처리하는 동안 원하지 않는 메시지는 다 걸러낸다는 말이다. 그런데 누군가가 우리 이름을 불렀을 때처럼, 걸러 보내던 메시지 중에서도 우리에게 도달하는 것이 있는데 이는 주의를 기울이지 않는 메시지도 간간이 확인하는 신속한 전환 기제가 있음을 시사한다.

선택적 시각 주의(selective visual attention)는, 마이클 포스너(Michael Posner)에 의하면 선택된 목표를 향해 주의를 인도하는 스포트라이트. 이는 (머릿속에서) 은밀하게 이뤄지지만 시선의 공공연한 움직임으로 드러난다. 스포트라이트와 마찬가지로, 주의력의 빛도 목표물 사이를 옮겨 다닐 수 있으며 한 점에 집중하거나 보다 넓게 퍼질 수도 있다. 그러나 스포트라이트와는 달리, 공간적으로 떨어져 있는 두 목표물에 분산될 수도 있다.

주의가 동시에 여러 과제로 분리되는 경우 하나의 과제에 집중하는 경우보다 성과가 저하되는 경향이 있다. 그러나 많은 연습을 통해 과제 처리 과정을 자동화함으로써 주의 집중 요구의 수준을 낮출 수 있다. 하지만 연습을 통한 성취에는 한계가 있다. 동시에 두 가지 행동을 할 수는 있어도 동시에 두 가지 결정을 내릴 수는 없다.

복잡한 과제를 수행해야 할 때는 선택적 주의와 분리 주의(divided attention) 둘 다 중요한 기술이다.

스펠크(Spelke)의 어느 실험(1976)에서는 두 학생이 수천 번의 시도 끝에 읽고 이해하는 것과 받아쓰기를 동시에 할 수 있다는 것을 보여주었다.

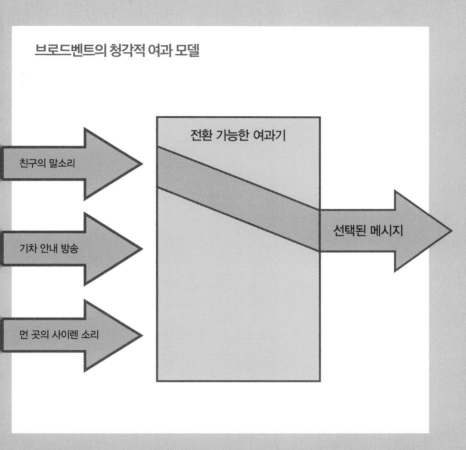

브로드벤트의 청각적 여과 모델

전환 가능한 여과기

친구의 말소리

기차 안내 방송

먼 곳의 사이렌 소리

선택된 메시지

여러 개의 청각적 메시지가 있을 때 그중 하나만 선택해 후속 처리를 위해 넘긴다. 다른 메시지들은 차단하지만 혹 중요한 정보가 있을 수도 있으므로 자주 확인을 거친다.

5.7 작업 기억

우리에게는 암산이나 문제 해결에 할당된 정신적 작업 공간이 있다. 이 공간은 크면 클수록 좋다.

작업 기억(working memory)의 구조를 확인하고 작업 기억 용량과 수행 사이의 관계를 밝히려는 시도가 지속적으로 이루어져왔다.

앨런 배들리(Alan Baddeley)와 그레이엄 히치(Graham Hitch)의 주장에 의하면 작업 기억은 **중앙 관리자**(central executive), 곧 한 사람의 경영자와 같다(1974). 그 역할은 주의를 배분하고 우선순위를 정하며 조정하는 것이다. 다음 두 가지 종속 체계가 이 작업을 지원해준다.

■ **음운 고리**(phonological loop)는 음성적 정보를 보관하고 재생하며 어휘를 습득하는 데 중요하다.

■ **시공간 메모장**(visual-spatial scratchpad)은 시각적·공간적 정보를 보관하고 재생하며 따라 그리기를 할 때 사용된다.

최근에는 여기에 일화적 완충기(episodic buffer)가 추가되었는데, 이는 중앙 관리자와 두 가지 종속 체계 그리고 장기 기억이 상호작용을 하는 영역이다. 이는 요소들의 통합을 지원하는 저장 체계다.

그런데 어째서 그 크기가 중요한가? 미국에서 실시된 대규모 연구에 따르면 작업 기억 용량과 독해 등의 과제 그리고 일반지능 지수 사이에 강한 상관관계가 있음이 밝혀졌다(8.4 참조). 연구 결과, 작업 기억 용량이 큰 개인들이 작업 기억 용량이 작은 개인들보다 곧잘 높은 성과를 보였다.

일상의 사건들에 대해서는 심각한 기억상실을 보이는 환자들도 손상되지 않은 작업 기억을 지니고 있으며 지적 역량이 있다.

작업 기억 용량에서 중요한 것은 주의를 집중하고 방해 요소를 차단하는 능력이다. 작은 작업 기억 용량은 주의력 통제의 약화로 이어지고, 이는 보다 심각한 주의산만으로 이어지며, 결국 낮은 시험 점수로 이어진다.

5.8 언어 기술

언어의 산출과 이해에는 무한히 긴 사전, 그리고 주어진 단어들을 활용하는 데 필요한 일정 수의 고정된 규칙 체계가 동원된다.

원칙적으로 보자면, 우리가 셀 수 없을 만큼 다양한 생각을 담을 수 있는 무한 개의 새로운 말을 이해하고 산출할 수 있는 능력을 지녔다는 것은 놀라운 일이다.

이러한 언어 기술(language skills)의 핵심 개념은 심적 어휘(mental lexicon)로, 단어의 소리 및 발음과 의미에 관한 정보를 저장하는 사전이다. 매일 어떤 말을 들을 때마다 우리는 이 사전을 들여다본다. 들은 말에서 단어의 소리를 추출하고 그것을 사전에 있는 것들과 짝지어봄으로써 그 뜻을 이해하는 것이다.

문법은 말의 순서를 규정하는 규칙 체계다. 말하는 이는 그 규칙을 내면화하고 문장의 의미를 추출하고자 **구조 분석**(parsing) 과정을 거친다. 그러면 어떤 문장의 의미는 다른 문장의 의미 그리고 세상의 지식과 결합되어 해당 문장에 대한 개연성 있는 해석을 만들어낸다.

우리가 말을 할 때 문장은 네 단계를 거쳐 이루어진다. 즉 개념 단계, 단어 단계, 소리 단계, 조음 단계다. 각 단계마다 상호작용하는 두 과정이 관여한다. 하나는 문법적으로 적합한 구조를 만드는 과정이고, 다른 하나는 그 구조를 적합한 단어들로 채우는 과정이다. 이것이 모든 언어의 기반이다.

경매사들은 초당 다섯 단어 이상을 쓰며 빠르게 말하지만 청자들이 그들의 말을 이해하는 데는 지장이 없다.

언어 산출 단계

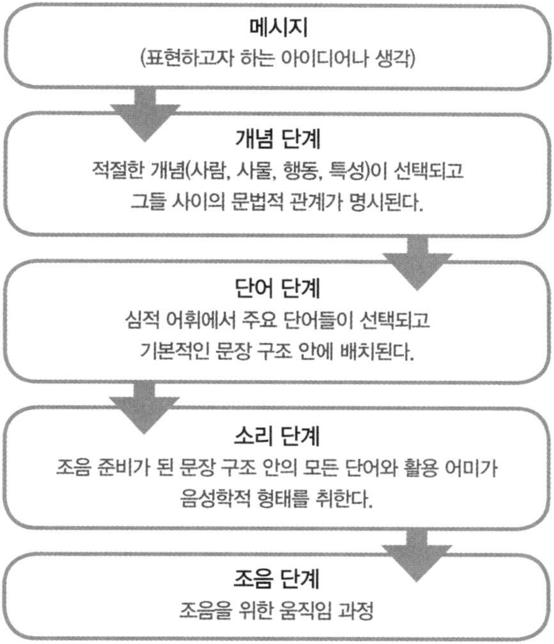

메시지
(표현하고자 하는 아이디어나 생각)

개념 단계
적절한 개념(사람, 사물, 행동, 특성)이 선택되고
그들 사이의 문법적 관계가 명시된다.

단어 단계
심적 어휘에서 주요 단어들이 선택되고
기본적인 문장 구조 안에 배치된다.

소리 단계
조음 준비가 된 문장 구조 안의 모든 단어와 활용 어미가
음성학적 형태를 취한다.

조음 단계
조음을 위한 움직임 과정

문장 산출의 주요 단계를 개략적으로 보여주는 도식
(스털링의 2016년 도식을 간략화).

5.9 판단과 선택

우리는 확률이나 논리적
추론을 하기보다는
어림짐작으로 판단하거나
선택할 때가 더 많다.

학회에 참석하고 있는 동일한 숫자의 회계사와 학자 그리고 디자이너 중 무작위로 한 명을 선택해 직업이 뭔지 맞힌다고 가정해보자. 어느 직업이든, 가령 디자이너라고 답했을 경우 당신의 판단은 맞을 확률이 3분의 1이라는 점에 기초한 것이다. 그러나 만약 그 사람이 말끔한 회색 정장을 입었다는 이야기를 듣게 된다면 당신은 아마도 회계사를 선택할 것이고, 이러한 판단은 확률적 정보에 기초한 것이라기보다는 어림짐작한 판단이다. 이런 것이 바로 **대표성 휴리스틱**(representative heuristic) 혹은 고정관념이다.

이와 비슷하게, 비행기의 추락 가능성을 추정한다고 하자. 이때 당신의 응답은 최근에 들은 추락사고 뉴스에 영향을 받을 것이다. 그 사건이 끔찍한 죽음의 현장에 관한 당신의 기억 가용성에 영향을 미쳐 **가용성 휴리스틱**(availability heuristic)을 사용할 테니까 말이다.

선택과 결정 역시 눈대중이나 어림짐작으로 이루어진다. 노벨상 수상자 대니얼 카너먼(Daniel Kahneman)과 아모스 트버스키(Amos Tversky)는 의사결정 과정의 편견을 주제로 연구했다(1979; 1984). 그들은 사람들이 이득이 추정될 때는 위험 회피 경향을, 손실이 추정될 때는 위험 추구 경향을 갖는다는 것을 보여주었는데, 동일한 선택 상황을 다른 방식으로 접근하면 결정의 내용도 달라진다는 사실을 밝혔다.

의사가 당신에게 내리는 진단은
그가 최근 진료한 환자들에게서
영향을 받을 것이다.

현재 받아들여지는 이론에 의하면 비록 훈련 등의 요인에 의해 달라지기는 하지만 신속한 판단과 선택에는 휴리스틱을, 보다 신중한 반응에는 논리적 추론을 사용한다.

손실과 이득 중 어느 쪽을 먼저 고려할 것인가?

당신에게 도박을 할 수 있는
돈 1,000원이 주어졌다.

첫 번째 각본　　　다음 둘 중 하나만 선택할 수 있다.

A: 1,000원을 더 딸 수 있는
확률이 50%다.

B: 500원을 더 딸 수 있는
확률이 100%다.

B를 선택하면 위험 회피

두 번째 각본　　　다음 둘 중 하나만 선택할 수 있다.

A: 1,000원을 잃을 확률이
50%다.

B: 500원을 확실히 잃는다.

A를 선택하면 손실 회피

노벨상 수상자인 대니얼 카너먼과 아모스 트버스키는 결과가 확실치 않은 상태
에서 의사결정을 해야 할 경우 사람들은 이득을 얻을 것 같으면 위험을 피하고,
잃을 것 같으면 손실을 피함을 보여주었다.

5.10 추론

있는 그대로의 사실에 접근할 수 없을 때 우리는 추론에 의지하는 경향이 있다. 하지만 그 추론이 항상 논리 법칙을 따르는 것은 아니다.

충분한 정보가 없는 상황에서 추정하거나 결론 내릴 때 추론을 한다. 예컨대 세금이 인상될 것이라는 말을 들었을 때 만약 다른 게 모두 변함이 없다면 자신의 생활수준은 낮아지리라는 결론을 내린다.

■ **귀납적 추론**(inductive reasoning)에서는 현재의 지식에 기초해 추론한다. 만약 새들에게 날개가 있고 '항어람'이라는 것이 새라는 말을 들으면, 우리는 그 '항어람'에게 날개가 있다고 추론한다. 그러나 연구자들은 귀납적 추론이 전형성 같은 그다지 적합지 않은 특성에도 영향을 받는다고 주장한다. 따라서 새들에게 날개가 있다는 말을 들었을 때 우리는 펭귄에게 날개가 있다는 말보다는 울새에게 날개가 있다는 말에 더 쉽게 동의한다. 울새가 좀 더 전형적인 유형의 '새'이기 때문이다.

■ **연역적 추론**(deductive reasoning)은 하나 혹은 그 이상의 참된 전제가 주어지면 추론하는 사람도 참일 수밖에 없는 결론을 이끌어내게 되는 과정을 말한다. 모든 남자가 오리발을 갖고 있고 오바마 대통령이 남자라면 오바마의 발도 오리발일 것이다. 그러나 사람들이 언제나 논리 법칙을 따르는 것은 아니다. 어떤 실험에서는 신념 편향이 발견되었는데, 이는 그럴듯한 결론이 있다면 그것이 실제로 타당한지와 무관하게 거의 언제나 타당하게 받아들여진다는 것이다.

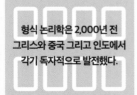

형식 논리학은 2,000년 전 그리스와 중국 그리고 인도에서 각기 독자적으로 발전했다.

■ **과학적 추론**(scientific reasoning)은 가설 검증을 포함하며, 과학자로 하여금 가설을 지지하는 증거는 물론 반대하는 증거까지 찾아낼 것을 요구한다(129쪽 참조).

웨이슨(Wason) 선택 과제

만약 카드의 한 면에 자음이 있으면 반대 면에는 짝수가 있다. 최소 개수의 카드만
뒤집어 이 진술을 증명하라.

만약 누군가가 맥주를 마시고 있다면 21세 이상일 것이다. 다음 각 카드마다 마실 것과 그에 상응하는
나이가 적혀 있다. 이 진술이 사실인지를 최소 개수의 카드만 뒤집어 증명하라.

같은 과제를 다룬 두 가지 유형으로, 두 과제 모두 답은 똑같이 두 장의 카드다. 맨 왼쪽에 있는 카드
가 규칙을 따르는 경우라면, 맨 오른쪽 카드는 규칙에 어긋나는 경우다. 그럼에도 사람들은 맥주/콜
라 과제를 더 쉽게 여기는데 추상적인 내용이 아니라 실제 상황을 다루기 때문으로 보인다.

학습과 전문지식

우리는 당면한 문제를 해결할 능력이 있다. 그럼에도 학습은 반복되는 문제들을 효과적으로 처리하는 데 필요한 사실적·절차적 그리고 전략적 지식을 제공한다. 경우에 따라서는 특별한 유형의 문제에 전념해 전문가가 될 수도 있다.

모든 학습은 해결해야 할 문제에서 시작된다. 이 장에서 다룰 첫 번째 주제는 일반적으로 사용되는 몇 가지 문제 해결 전략에 관한 것이다. 그 전략을 살펴본 다음 여러 학습 유형에 대해 알아볼 것이다.

도구적 학습은 시행착오, 즉 어떤 반응은 문제 상황에 효과적인 반면에 어떤 것은 그렇지 않다는 사실을 배울 때 일어난다. 실행이 효과를 얻으려면 직접적 경험이 필요하지만 그 과정에서 실수가 생기면 시간과 노력이 든다. 관찰 학습은 그러한 시간과 노력을 어떻게 절약할 수 있는지를 보여준다. 한편 어떤 경우에는 상황이 복잡해서 가설 검증이나 새로운 지식 탐색을 위한 활동이 수반되는 좀 더 인지적인 접근이 필요하기도 하다.

학습은 종종 우리가 무엇을 배웠는지 모른 채 일어나기도 한다. 이를 암묵적 학습이라고 한다. 예를 들어 우리는 신발 끈 묶는 방법을 머릿속에서 특별히 떠올리지 않아도 매번 신발을 잘 신는다. 고전적 조건화란 단순한 유형의 암묵적 학습으로 여러 유형의 종에서 발견된다. 그와 달리 언어 학습은 복잡하고 인류에 국한되는 것으로 보인다.

기술에는 상당히 다양한 유형이 있지만, 모든 기술 학습은 동일한 세 가지 발달 단계를 거치는 듯 보인다. 그 기술에 수반되는 것이 무엇인지에 대한 의식적 평가에서 시작되어 그 기술을 자동적으로 실행하는 일련의 동작으로 끝난다.

하지만 그러한 기술도 연습 없이는 우리에게 아무런 쓸모가 없다. 그 주요 측면을 살펴보고 동기 유발된 학습자가 어떻게 자신이 선택한 기술 영역에서 전문성을 개발해나가는지 알아본다.

6.1 문제 해결

일상에서 '문제'를 만나지
않고 살 수는 없다.
다행히도 우리는 문제 해결에
필요한 효과적인 전략을
몇 개 가지고 있다.

'문제(problems)'는 두 가지로 분류된다. 스도쿠(sudoku)처럼 선명하게 정의되고 해결책도 분명한 문제가 있고, 체스(chess)처럼 정의하기도 어렵고 분명한 해결책도 없는 문제가 있다. 일상 속 문제들은 정의하기가 쉽지 않다. 다음은 우리가 사용하는 일부 전략이다.

■ **시행착오 학습**(trial-and-error learning): 처음에는 무조건 시도해보다가 성과를 얻으면서 점진적으로 형성되는 일련의 반응으로, 처음 보는 간단한 장치의 작동법을 파악하는 경우가 이에 해당한다(6.2 참조).

■ **통찰력에 의한 문제 해결**(problem solving by insight): '아' 하는 순간처럼 갑자기 해결책이 떠오르는 경우다. 문제에 대한 재구조화가 이어진다.

■ **유추에 의한 문제 해결**(problem solving by analogy): 현재 문제와 유사한 예전의 문제를 떠올려보고 그때 유용했던 전략을 써서 해결한다. 예컨대 까다로운 사람을 상대할 때면 몇 달 전 비슷한 유형을 어떻게 대했는지 떠올려보고 그때 했듯이 하는 것이다.

**1997년 세계 체스 챔피언 게리
카스파로프(Gary Kasparov)와
대결해 승리를 거둔
체스 컴퓨터(딥 블루)를
개발하기까지 40년이 걸렸다.**

1959년 앨런 뉴웰(Allen Newell)과 허버트 사이먼(Herbert Simon)이 일반적 문제 해결 컴퓨터 프로그램을 개발했다. 이 프로그램은 초기의 문제 상태에서 문제 공간(problem space)을 거쳐 목표 단계로 이동하는 것을 포함하는 일련의 과정으로 문제 해결을 개념화했다. 이를 위해 수단·목표 분석(means-end analysis) 같은 전략을 사용했으며, 목표로 가는 경로를 일련의 하위 목표들로 나누어 보다 다루기 쉽도록 했다. 우리도 종종 이런 방식으로 일한다. 위에서 언급한 전략 중 하나를 쓰거나, 때로는 여러 개를 복합적으로 사용하기도 한다.

토끼와 호랑이 문제*

토끼 세 마리와 호랑이 세 마리가 배를 타고 강을 건너야 하는데 그 배에는 두 마리까지만 탈 수 있다. 이때 호랑이 숫자는 절대로 토끼 숫자보다 많아선 안 된다. 강을 몇 번 건너야 하는지 그리고 토끼와 호랑이를 어떤 조합으로 태워야 하는지 설명해보라.

단계	강 이쪽 편	배 안		강 저쪽 편
시작	<u>토토토호호호</u>			
1	<u>토토호호</u>	토호	➡	<u>토호</u>
2	<u>토토토호호</u>	토	⬅	호
3	<u>토토토</u>	호호	➡	<u>호호호</u>
4	<u>토토토호</u>	호	⬅	호호
5	<u>토호</u>	토토	➡	<u>토토호호</u>
6	<u>토토호호</u>	토호	⬅	<u>토호</u>
7	<u>호호</u>	토토	➡	<u>토토토호</u>
8	<u>호호호</u>	호	⬅	<u>토토토</u>
9	<u>호</u>	호호	➡	<u>토토토호호</u>
10	<u>토호</u>	토	⬅	<u>토토호호</u>
11		토호	➡	<u>토토토호호호</u>

수단·목표 분석뿐 아니라 위 표의 6단계에서 보듯 통찰력도 요구되는 문제다. 6단계만 놓고 보면 마치 일이 거꾸로 진행되고 있는 듯하다.

* 원서는 《반지의 제왕》에 나오는 호빗과 오크 문제(the hobbits and orcs problem)라는 명칭으로 설명되어(H와 O) 있다.

6.2 도구적 학습

학교에서 주는 금색 스티커나 회사에서 주는 명절 보너스같이 바람직한 행동에 대해 보상이 주어지면 우리는 더욱 열심히 한다. 심리학자들도 이를 효과적으로 활용한다.

에드워드 손다이크(Edward Thorndike)의 획기적인 연구 결과를 바탕으로 스키너가 비둘기를 대상으로 실험해 도구적 학습(시행착오 학습으로 알려지기도 했다, 1948)의 구성 요소를 탐색해보았다.

스키너는 비둘기가 빨간색 열쇠를 쪼고 있을 때는 먹이를 주지 않고 초록색 열쇠를 쪼고 있을 때만 그 보상으로 먹이를 주었다. 마침내 비둘기는 초록색 열쇠만 쪼도록 학습되었다. 스키너는 보상으로 인해 적절한 자극(초록)과 반응, 이 경우에는 쪼는 행위 간의 연합이 강화되었다는 결론을 내렸다.

스키너와 그를 지지하는 연구자들은 도구적 학습이 행동을 바꾸는지 알아보고자 연구를 이어갔다. 그 결과 보상은 학습을 촉진하지만 처벌은 행동을 억압한다는 사실을 알아내었다. 이를 통해 자폐증 진단을 받은 아동들의 경우, 사회적으로 긍정적인 행동은 보상해주고, 고함지르기 같은 부정적인 행동은 무시함으로써 변화를 이끌어낼 수 있다는 것을 보여주었다.

바이오피드백(biofeedback)은 압력이 낮아질 때 신호를 보냄으로써(보상) 고혈압을 낮추는 데 사용될 수 있다.

어떤 이들은 도구적 학습이 항상 무의식적이라고 주장한다(6.5 참조). 그러나 인간 성인(adult human)은 시행착오를 문제 해결 전략의 일환으로서 의식적으로 사용한다(6.1 참조). 이는 또한 바람직한 행동에 대해 보상을 주는 사회제도인 토큰 경제(token economy; 환표 경제)에서, 참가자들이 그것에 따를까 말까를 선택할 때도 나타난다. 토큰 경제는 교육과 정신건강 그리고 감옥 등에 적용되어 다양한 수준의 성공을 거두었다.

토큰 경제의 일곱 가지 요소

아래의 프로그램은 자폐 성향의 아동을 돌보는 사람이라면
누구나 반드시 그리고 언제나 지켜야 한다. 상당한 노력을
요구하는 일이다.

목표 행동	강화시킬 바람직한 목표 행동을 선정한다.
토큰 유형	조건 강화물로 사용될 토큰을 선택한다. (예: 별 모양 스티커)
대체 강화물	토큰과 교환할 수 있는 대체 강화물을 소개한다. (예: 사탕, 자유 시간!)
강화 계획	토큰 수령에 대한 강화 계획을 설정한다. (예: 정확한 반응을 할 때마다)
교환 기준	대체 강화물과 교환에 필요한 토큰의 숫자를 결정한다.
교환을 위한 시간과 장소	대체 강화물과 토큰을 교환하는 시간과 장소를 정한다.
반응 비용	부적절한 행동에 대해 토큰을 빼앗는 것 등의 벌칙을 사용한다.

토큰 경제를 위한 기본 지침으로, 2008년 밀텐버거(Miltenberger)가 자폐 성향의
아동을 염두에 두고 작성한 것이다.

6.3 관찰학습

사람들은 누구나 행동이나 능력 면에서 닮고 싶은 역할모델이 있으며, 그들을 관찰함으로써 배운다.

다른 사람들을 관찰하는 것은 중요한 학습 도구다. 관찰을 통해 비생산적인 것들은 무시하고 생산적인 행동을 자기 것으로 삼고 기술들을 습득할 수 있다. 관찰학습은 위험을 피하고 실패를 최소화하는 데 도움이 된다.

앨버트 밴두러(Albert Bandura)는 획기적인 글을 통해 아동들이 자기들의 역할모델이 커다란 인형에게 보이는 공격성을 모방한다는 사실을 밝혔다(1977). 후속 연구에서는 역할모델의 공격적 행동이 처벌받는 것을 보고 모방이 줄어드는 것이 밝혀졌다. 그러나 공격적 행동에 대한 보상 유무에 따른 차이는 나타나지 않았다. 밴두러에 따르면 관찰자가 목격한 행동을 따라할 가능성은 첫째, 그 행동이 기억 속에 부호화되어있는지(5.4 참조), 둘째, 충분한 동기가 있는지 여부로 결정된다.

관찰학습은 여러 종의 동물에게서 볼 수 있다. 관찰학습의 발생 확률은 관찰자와 역할모델이 집단 내에서 차지하는 사회적 위치, 성별이나 나이 등에 영향을 받는다. 동물들은 집단 내의 주류가 하는 행동, 성공한 개체(individuals), 그리고 친족에 영향을 받는다.

짧은꼬리원숭이 새끼는 자기 부모가 뱀을 두려워하는 것을 보는 것만으로도 뱀에 대한 공포심을 갖게 된다.

인간은 관찰학습을 통해 운동 기술이나 글쓰기 같은 인지 기술을 습득한다. 운동 기술이든 인지 기술이든 관찰자는 그 기술의 구조에 대해 그리고 오류 발견을 포함해 상이한 구성 요소들을 어떻게 조정할 것인지를 기술 습득 과정에서 배운다. 그다음부터는 그 기술을 완벽하게 만들어가는 과정이다.

관찰학습의 조건

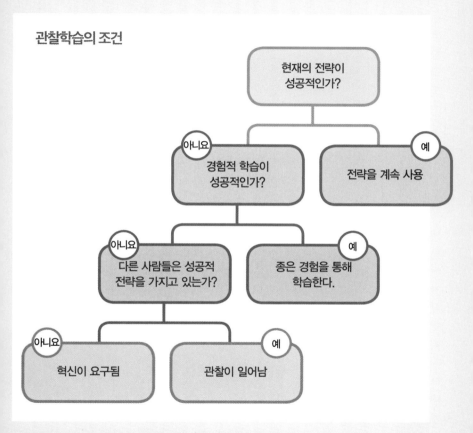

의사결정 나무(decision tree)는 관찰학습의 발생 확률이 가장 높은 순간을 기술한다(라랜드(Laland), 2004를 수정해서 사용). 그러나 이 그림이 개인의 실제 결정 과정을 묘사한 것은 아니다.

6.4 인지학습

학교에서 어떤 방식으로 공부했는지 기억하는가? 교사들은 당신이 자료를 동화시킴으로써 학습할 수 있도록 지원하였다.

인지학습에는 새로운 지식을 습득하기 위한 의식적 전략 사용이 수반된다. 여기서 중요한 것은 **가설 검증**(hypothesis testing)과 새로운 자료의 **동화**(assimilation)*다.

인간은 종종 가설을 설정하고 검증함으로써 학습한다. 예를 들어 크리켓 경기에서 투수는 타자의 약점을 파악하려고 여러 유형의 투구를 시도할 것이다. 관찰과 기존의 증거를 기반으로 가설을 설정하고 새로운 증거에 대해 검증을 실시한다. 검증 결과에 따라 가설이 받아들여지거나 기각 또는 수정된다. 사람들은 가설을 지지하는 증거는 적극적으로 찾고 그렇지 않은 증거는 무시하거나 거부한다. 이는 일상생활에서도 잘 드러난다.

개념적으로 복잡한 자료를 동화하는 것은 모든 연령대 학생들이 사용하는 인지학습 전략이다. 일반적으로 동화가 일어날 때는 학습하려는 의도조차 필요하지 않다. 동화에는 다음 단계들이 포함된다.

- 자료에 대한 이해.
- 서로 다른 구성 요소들이 연결되도록 자료를 조직.
- 새로운 자료를 기존의 지식 안에 끼워 넣음.
- 자료에 대한 자신의 지식을 시험.

동화와 가설 검증은 여러 가지 인지학습 방법 가운데 단지 두 가지에 해당할 뿐이다.

과학적 이론에 대한 체계적 검증은 종종 실험실에서 사고가 일어나면서 시작된다. 페니실린과 '고전적 조건화' 모두 이 경우에 해당한다.

---

* 피아제(Piaget) 이론의 인지발달 기제 중 하나로, 자신이 가지고 있던 기존의 이해의 틀을 이용해 새로운 자료를 해석하고 이해하는 과정을 말한다.

개념 지도

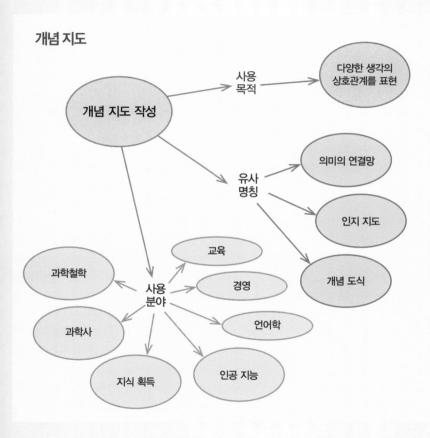

개념 지도에 관한 개념 지도! 이는 인기 있는 기법으로 140쪽에서 논의한
인지학습 원칙은 개념 지도 작성을 통한 학습을 지지한다.

6.5 암묵적 학습

당신은 어떻게 하는지 그 방법을 기억할 필요도 없이 상의나 치마, 바지 단추를 잠근다.

동물을 대상으로 한 고전적 조건화와 도구적 학습은 무엇을 배우는지 의식하지 못하는 사이에도 학습이 일어날 수 있음을 알려준다. 하지만 **암묵적 학습**(implicit learning)의 증거를 인간에게서 얻어내기는 쉽지 않은데, 인간의 경우 자신들이 무엇을 배우는지 의식하고 있을 가능성이 상존하기 때문이다.

■ 농구선수들이 득점을 올릴 때 쓰는 전술들은 그들이 과거에 성공해봤거나 실패해봤기에 만들어진 것으로 보인다. 그러나 당사자들은 그 사실을 인식하지 못한다.

■ 어렸을 때는 물론 성인이 되어서도 우리는 수없이 많은 개념을 배우고 또 그것을 능숙하게 활용한다. 이런 일은 배우려는 의도 없이 일어나고, 많은 경우 우리는 배운 개념을 정의하지 못한다.

■ 언어에서 문법에 의해 단어의 배열 순서가 결정되듯이 인위적 문법은 글자의 배열 순서를 결정하는 일련의 규칙이다. 인위적으로 만들어진 문법 규칙을 잘 설명하지 못하는 사람도 문법에 맞는 글자의 배열을 그렇지 못한 것과 구분하는 법을 배울 수 있다.

사람들은 대화하는 중 다른 사람들에게 주의를 기울이는 정도가 그들의 의견에 동의하는 정도와 일치한다는 사실을 의식하지 못하는 경우가 종종 있다.

■ 날씨 예측 실험에 참가한 사람들은 구름의 양이나 강우량 같은 정보로부터 비가 올 가능성을 예측하는 법을 배워야 했다. 시간이 지나면서 그들의 예측이 점차 정확해졌지만, 왜 그렇게 되었는지는 밝힐 수 없었다(크놀턴(Knowlton)과 동료들, 1996).

아직 연구를 통해 그 과정이 밝혀지진 않았지만, 위의 모든 예시가 암묵적 학습이 있다는 사실을 시사한다.

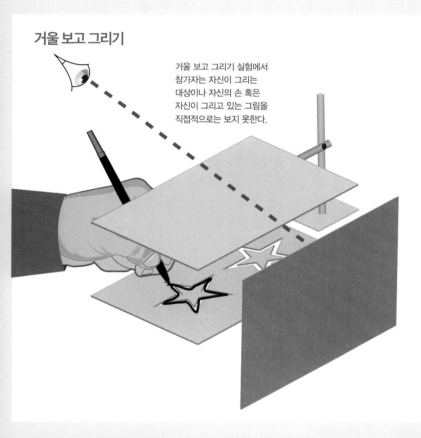

거울 보고 그리기

거울 보고 그리기 실험에서 참가자는 자신이 그리는 대상이나 자신의 손 혹은 자신이 그리고 있는 그림을 직접적으로는 보지 못한다.

거울 보고 그리기는 연습을 통해 실수가 줄어드는 절차적 기술로 학습이 일어난다는 사실을 보여준다. 기억상실증에 걸린 H. M.은 거울 보고 그리기 실험에 참가해 연습한 지 여섯 달 만에 그 기술을 연마하게 되었으나 날마다 그 연습을 하고 난 직후에조차 정작 그 실험에 대해서는 아무것도 기억하지 못했다.

6.6 고전적 조건화

당신의 개는 사료 깡통 뚜껑 따는 소리만 들어도 흥분하는가?

고전적 조건화의 유명한 예는 노벨상 수상자 이반 파블로프(Ivan Pavlov)가 음식을 보기만 해도 저절로 침을 흘리는 개들을 관찰한 것이다(1890년대). 파블로프는 종소리 같은 중립적 자극도 음식과 같이 짝을 지어 반복적으로 제시하면 개의 침을 분비시킬 수 있음을 보여주었다. 결정적인 것은, 음식이 없는 상태에서도 이러한 일이 발생했다는 것이다.

고전적 조건화는 병적 공포증의 근거가 될 수도 있다. 왓슨(J. B. Watson)의 실험(1920)에 참가했던 어린 앨버트의 경우가 그런 예다. 영아였던 앨버트는 기존에는 중립적이었던 털 달린 자극이, 경기를 일으킬 정도의 큰 소리와 계속해서 짝지어 제시되자 몇몇 동물을 비롯한 털 달린 사물에 대해 공포 반응을 보이게 되었다. 그러나 일반적 공포증은 대부분 뱀이나 높은 곳처럼 어쨌든 생존을 위해서는 공포를 느낄 수밖에 없는 대상 혹은 상황과 관련되어 있었기에, 그것이 애초 중립적 자극이었다는 사실 자체가 의문시된다. 이러한 공포증은 단지 일반적 반응의 매우 극단적인 경우라고 볼 수도 있다.

메스꺼움을 유발하는 항암치료 전에 음식을 먹은 암환자들은 자신들이 먹은 그 음식에 대해 거부감을 갖는다.

다른 것들과 함께 고전적 조건화의 원칙도 공포증 치료에 사용된다. 조건화 과정에서 자극과 무서운 것의 연합을 자극과 무섭지 않은 것의 연합으로 대체하는 것이다. 따라서 벌레에 대해 공포를 느끼는 사람은 심장 박동 수의 증가나 땀 흘리기 같은 공포 반응을 정상적인 심장 박동 수나 땀 흘리지 않는 것과 같은 차분한 반응으로 대체하는 법을 배운다.

파블로프의 개

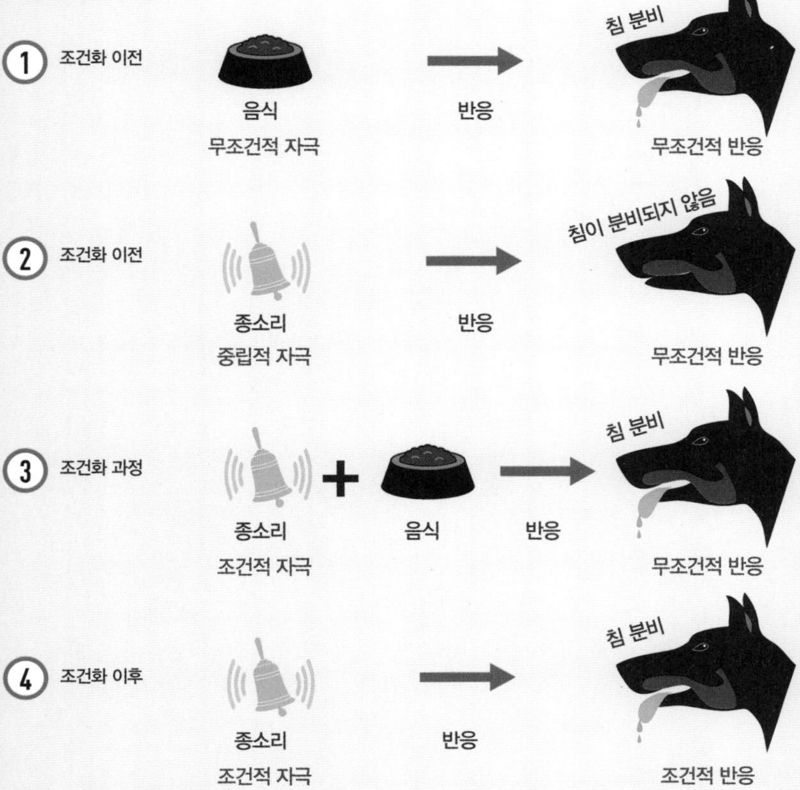

(1) 조건화 이전

음식
무조건적 자극

→ 반응

침 분비

무조건적 반응

(2) 조건화 이전

종소리
중립적 자극

→ 반응

침이 분비되지 않음

무조건적 반응

(3) 조건화 과정

종소리
조건적 자극

+ 음식

→ 반응

침 분비

무조건적 반응

(4) 조건화 이후

종소리
조건적 자극

→ 반응

침 분비

조건적 반응

이것은 파블로프가 자기 개를 대상으로 한 실험을 간단하게 제시한 것이다. 그림들은 시도가 반복되면서 달라지는 반응을 보여준다.

6.7 언어학습

아이들은 특정한 공식적 교육 없이도 놀라울 정도로 쉽게 언어를 배운다. 어떻게 그럴 수 있을까?

언어학자 노암 촘스키(Noam Chomsky)는 언어학습의 대표적 이론을 하나 주장했다. 1960년대에 발표한 그의 이론은 인간이 어휘를 습득하거나 단어들을 조합하는 데 필요한 규칙 체계(문법)를 습득할 수 있는 선천적 능력을 타고난다는 생각에 근거한다.

선천성에 대한 이론을 지지해줄 증거로서 촘스키는, 어린아이가 말을 할 때 우리 어른들이 고쳐주기는 하지만 그 문장 구조에 대해서는 어떤 규칙도 명시적으로 가르쳐주지 않는다는 사실을 제시한다.

촘스키의 견해와 유사하게, 인간이 아닌 영장류에게도 간단한 문장 구조를 사용하도록 가르칠 수 있다는 것이 50년에 걸친 연구 결과 밝혀졌다. 하지만 이를 위해서는 몇 년에 걸친 집중 훈련이 필요하다. 그렇게 한다 해도 영장류는 고작해야 두 살 내지 세 살 정도 아동의 언어 사용 수준에 도달할 뿐이다. 이런 증거에도 불구하고 심리학자들은 선천성만으로는 답할 수 없는 문제가 여전히 많다는 입장을 고수한다.

아이들은 따로 지도하지 않아도 네 살 무렵이면 훌륭한 의사전달자가 될 수 있다.

대신에 언어학습의 원리에 대한 관심은 아동의 언어적·개념적·사회적 환경으로 옮겨 갔다. 그리하여 현재의 이론에 따르면, 양육자의 언어 혹은 '엄마가 아이에게 쓰는 말투'는 간단한 어휘, 짧은 문장, 과장된 억양, 음절의 세기 표시로 언어 습득에 기여한다. 이를 통해 아동들은 서로 다른 단어 유형과 문장의 구성방식을 배운다.

논리 정연한 침팬지? 언어학습 연구의 대상으로 참여한 수컷 침팬지 님 침스키(Nim Chimpsky)의 모습. 와슈(Washoe)와 다른 침팬지들에 대해 제기되었던 주장과 달리, 님의 트레이너들은 영장류가 간단한 문법을 사용할 수 있다는 주장조차 반박한다(테라스(Terrace)와 동료들, 1979).

6.8 기술학습

저글링이건 체스건 탭댄스건, 그게 무엇이든 만일 당신이 새로운 기술을 배운다면 그때 학습은 확실히 구분되는 세 단계로 진행된다.

피츠-앤더슨(Fitts-Anderson)의 기술 습득 모델(1982)에 따르면 어떤 종류의 기술이건 상관없이 기술학습에는 세 단계가 동일하게 관여한다.

- 1단계: 인지 단계로 알려졌으며, 과제에 대한 평가를 수반한다. 목적이 무엇인가? 어떤 규칙이 있는가? 어떤 다양한 요소로 구성되어 있는가? 그다음 이 모든 것을 통합하려는 시도를 의도적으로 한다. 예를 들어 체스의 말 움직임과 그 규칙을 배운다거나 골프공을 치기 전 클럽을 어떻게 잡고 머리와 발의 자세는 어떻게 할지를 배운다.

- 2단계: 결합 단계. 연습을 통해 기술의 다양한 구성 요소들이 효과적인 조합과 순서로 결합되도록 한다(6.9와 6.10 참조). 즉 자동차의 기어를 넣고, 거울을 보며 확인하고, 핸드브레이크를 풀어주고, 가속기를 밟은 후 차를 출발시키는 일을 차례대로 점차 무심히 하게 된다.

- 3단계: 자동화 단계로, 엄청난 연습을 거쳐 다다를 수 있다. 기술 실행이 이제는 곧 '자동조정장치'다. 많은 경우 그 일을 하면서도 방해받지 않고 다른 일도 할 수 있게 된다. 예컨대 우리는 운전하면서 말도 할 수 있다.

프로 골프 선수라면 알겠지만, 자동화된 기술에 대해 너무 많이 생각하면 오히려 그것이 기술 실행을 심각하게 방해할 수 있다.

배워야 할 기술은 스페인어 말하기나 저글링 등 매우 다양할 수 있지만 평가-연습-자동조정장치 과정은 모든 기술학습에서 나타난다.

기술의 유형

기술의 유형	예시
운동 기술	자전거 타기
감각–운동 기술	기술적인 그리기(drawing), 테니스
인지–운동 기술	악기 연주, 수술
창의적 기술	그림, 안무, 문학
인지적 기술	컴퓨터 프로그램, 체스
학문적 기술	수학, 물리, 영어

기술 유형은 여섯 개 주요 그룹(운동·감각–운동·인지–운동·창의적·인지적·
학문적 기술)으로 나눌 수 있다.

6.9 연습과 전이

학습의 속도 및 영속성은 연습량과 연습 유형에 영향을 받는다.

연습은 장기적 학습에 필수불가결하다. 연습은 실수 횟수를 줄이고 주어진 과제를 실행하는 데 소요되는 시간을 단축시킨다. 연습의 효과는 기술학습의 기본 세 단계를 제시하는 151쪽의 학습 곡선에서도 볼 수 있다(6.8 참조).

연습의 유형이 중요하다. **분산연습**(distributed practice)은 여러 번의 짧은 회기(session)로 구성되며 한 번의 긴 회기로 구성된 **집중연습**(massed practice)에 비해 학습효과가 더 오래 지속된다. 이 연습은 운동에서 외국어 단어 학습 그리고 수학 문제 풀기까지 다양한 기술에 적용된다. 그러나 학생이라면 누구나 단기적으로는 벼락치기야말로 무척이나 효과적이라고 말할 것이다.

혼합연습(mixed practice)과 **구획화된 연습**(blocked practice)도 있다. 복잡한 안무를 배우는 무용가가 서로 다른 안무 동작을 순서대로 연습한다면 장기적으로 훨씬 잘 기억할 것이다. 그러나 단기적 성과 측면에서는 각 안무 동작을 자동적으로 완벽하게 할 수 있을 정도로 따로 연습하는 구획화된 연습이 나을 수도 있다.

마지막으로, 하나의 기술로 학습한 것이 다른 기술에도 전이되어 시간과 노력을 절약할 수 있는 듯 보인다. 구체적 증거가 교육 연구에서 나타나는데, 과학적 사고와 연구 방법을 훈련받은 학생들은 추론 능력 역시 향상되는 것으로 보인다.

《실낙원》(1만 565행)을 암송하는 데는 9년 하고도 수천 시간이 더 소요된다.

학습 곡선

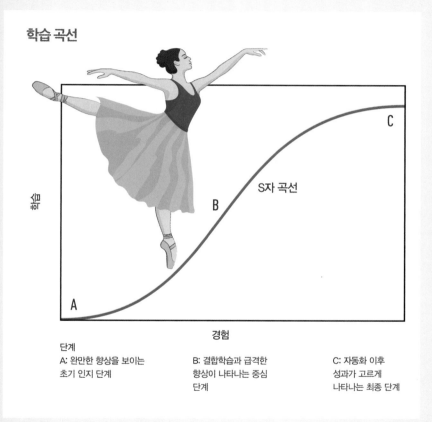

S자 곡선

능력 (세로축)

경험 (가로축)

A

B

C

단계
A: 완만한 향상을 보이는
초기 인지 단계

B: 결합학습과 급격한
향상이 나타나는 중심
단계

C: 자동화 이후
성과가 고르게
나타나는 최종 단계

이상적인 학습 곡선은 기술 습득의 세 단계를 보여준다. 처음으로 발레를
배우는 아이는 그 세 단계를 경험할 것이다. 마찬가지로, 새로운 안무를
익혀야 하는 능숙한 발레리나 역시 이러한 과정을 거친다.

6.10 전문지식 획득

탁월한 물리학자는 특출한 재능을 가지고 태어난 것일까 아니면 단순히 그 분야에서 더 오래 그리고 더 열심히 노력한 사람일 뿐일까?

전문가란 일반적으로 야심과 엄청난 노력, 유전적으로 타고난 특별한 적성이 만들어내는 것이라고 여겨진다(8.5 참조). 체스 고수나 운동선수 그리고 노벨상 수상자에게는 그런 설명이 어울린다.

그러나 1990년대 이후, 안데르스 에릭손(Anders Ericsson)은 전문가라는 존재가 실은 남보다 이른 시작과 헌신, 어마어마한 연습량의 산물일 뿐이라는 도발적 관점을 취했다.

체스 고수나 물리학자 그리고 의사들을 대상으로 한 연구에서 전문가 지식은 다양한 상황에 대해 즉각적으로 인식하고 반응할 수 있는 방식으로 조직되어 있음이 밝혀졌다. 전문가는 문제를 해결하겠다는 생각으로 접근하기보다는 그냥 정면으로 부닥쳐보는 경향이 있다. 다만 전문성은 일반적으로 **영역**(domain) 특정적이다. 많은 경우 한 분야의 전문가들은 다른 분야에서는 상당히 평범하다.

전문성은 연습을 통해 길러진다. 음악가와 체스 선수를 대상으로 한 연구에서 정상급 전문가들은 그 자리에 오르기까지 수천 시간 연습한 것으로 나타났다. 그뿐 아니라 최정상의 전문가들은 이미 어릴 때부터 부모의 엄청난 지원을 받으며 좋은 지도자 밑에서 경력을 쌓기 시작했다.

비록 물리학과 수학에서는 성취도가 높았지만 아인슈타인이 정규교육을 받는 동안 그가 세상을 바꿀 천재임을 암시하는 부분은 거의 없었다.

에릭손은 이른바 '전문가'가 그 동료들에 의해 지정된다는 사실에 주목했다. 반면에 그는 객관적으로 측정한 성과에 근거해 전문가를 분류하자고 주장한다. 어떤 기준을 세우건 전문가(연주회 음악가)와 천재(모차르트)는 구분할 필요가 있다.

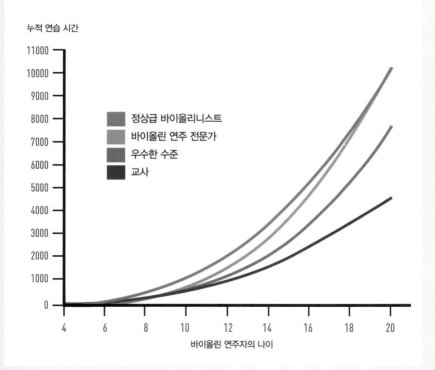

'완벽함'은 연습이 만드는 것

누적 연습 시간

- 정상급 바이올리니스트
- 바이올린 연주 전문가
- 우수한 수준
- 교사

바이올린 연주자의 나이

서로 다른 전문성 수준에 도달한 바이올린 연주자들의 추정 연습량
〔크람페와 테슈 뢰머(Krampe & Tesch-Römer), 1993〕.

동기, 스트레스, 감정

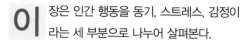

이 장은 인간 행동을 동기, 스트레스, 감정이라는 세 부분으로 나누어 살펴본다.

먼저 우리의 기본적 욕구와 동기 요인들을 이해하고자 여러 심리학자가 어떤 시도를 했는지를 대략 살펴보며 시작한다. 우리가 추구하는 삶의 목표는 어떻게 선택되는 것일까?

이어서, 우리 대부분이 너무도 잘 아는 정신적 현상인 스트레스에 관해 알아본다. 먼저 스트레스의 신체적 영향, 즉 우리가 긍정적 혹은 부정적 유형의 스트레스를 경험할 때 나타나는 정신과 육체 사이의 상호작용을 탐색한다. 그다음으로, 우리가 잠재적 스트레스 상황을 평가하는 방식 및 그에 대처하기 위해 거치는 단계들에 대해 알아본다.

이어 '자아고갈'이라는 개념을 살펴본다. 자아고갈이란 우리의 자아통제에는 한계가 있다는 생각이다. 이 자아통제는 우리의 자기조절 능력을 관장하는 것으로 고갈되면 재충전되어야 한다.

이 같은 다양한 동기 요인이나 추동 요인은 순전히 이성적 측면으로 국한되지 않는다. 사실 우리는 인지적 존재이면서 동시에 감정적 존재이기도 하기 때문이다. 그래서 우리는 인간의 상태를 특징짓는 여러 감정 중 몇 가지를 골라 그 생리적·심리적 영향을 고찰해본다. 그중 몇 가지에 우리가 부정적 감정이라고 간주하는 분노, 그와 관련된 죄책감과 수치심 그리고 당황 등이 포함된다. 긍정적 감정 중 두 가지인, 기쁨과 사랑에 관해서도 살펴본다.

차가운 논리적 인지가 뜨거운 감정적 인지를 만났을 때의 상황을 살펴보는 것으로 이 장을 끝맺는다. 이러한 과정이 어떻게 상호작용하는지 그리고 도덕적 의사결정에 관한 연구에서는 이들이 어떤 역할을 하는지도 알아본다.

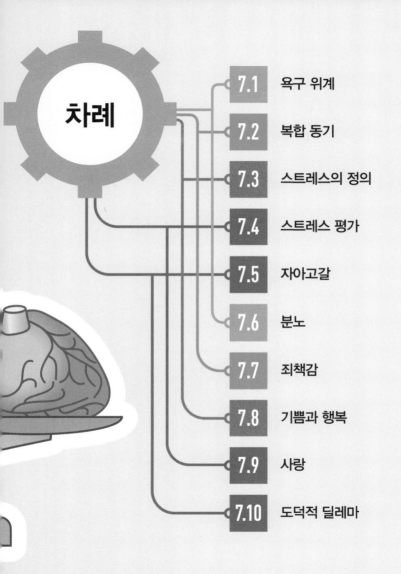

7.1 욕구 위계

인간의 최대 잠재력을 향해 가는 여정에서 당신은 무엇에 의해 움직이는가?

우리는 음식과 온기에 대한 단순한 육체적 욕구부터 소원이나 갈망의 충족처럼 보다 복잡한 욕구에 이르는 욕구의 위계(hierarchy of needs)를 가지고 있다.

에이브러햄 매슬로(Abraham Maslow, 1943)의 견해에 의하면, 기본적 욕구가 충족되어야만 그 상위의 욕구를 추구하게 된다. 기본적 욕구에는 생리적 욕구와 안전 욕구, 사랑과 소속에 대한 욕구 등이 있다.

■ **생리적 욕구**(physiological needs)는 순전히 생존을 위해 반드시 필요한 것, 곧 공기, 물, 의복 등이다.

■ **안전 욕구**(safety needs)는 개인적 안전과 재정적 보장 그리고 양호한 건강과 관련된다.

■ **사랑과 소속에 대한 욕구**(the need for love and belonging)는 사회적 집단에 대한 소속감이나 다른 사람과의 관계를 통해 충족된다.

일단 이러한 욕구가 충족되면, 보다 높은 단계의 욕구가 등장한다. 여기에는 자신에 대해 긍정적으로 느끼고자 하는 욕구와 다른 사람이 나를 긍정적으로 봐주기를 바라는 욕구 역시 포함된다. 매슬로가 제시한 원래 모델에서 가장 높은 동기 요인은 **자아실현**(self-actualisation)이며 이는 인간으로서 자신이 지닌 잠재력을 모두 실현하는 것을 의미한다.

위의 모든 욕구가 존재한다는 것은 연구를 통해 확인되었지만, 매슬로의 이론을 경험적으로 입증하기는 쉽지 않다. 그러나 그의 이론은 애착이론과 긍정심리학 발전에 많은 기여를 했다.

> 괴벨과 브라운(Goebel and Brown)의 연구에 따르면 청년들에게서 자아실현의 욕구가 가장 높게 나타나는 것으로 보인다(1981).

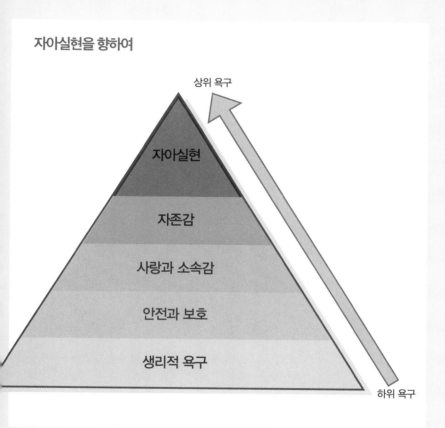

자아실현을 향하여

상위 욕구

자아실현

자존감

사랑과 소속감

안전과 보호

생리적 욕구

하위 욕구

에이브러햄 매슬로의 욕구 위계(1943)는 기본적 욕구와 높은 수준의 욕구를 구분한다. 우리의 행동 동기는 여러 개의 욕구가 동시에 작용한 결과일 수 있다.

7.2 복합 동기

우리의 동기는 종종 비용과
예상되는 보상 사이의 균형에
의해 유발된다.

우리의 어떤 행동들은 직접적 욕구에 의해 곧바로 동기가 유발되는
것들이다(7.1 참조). 그렇다면, 그 밖에 우리의 동기를 유발하는 것
으로는 무엇이 있을까? 빅터 브룸(Victor Vroom)은 유의성, 수단, 기
대 접근법(VIE, 1964, 161쪽 참고)으로 복잡한 동기유발 과정을 설명
한다.

VIE 접근법에 따르면 운동을 하거나 모임에 참석하는 일 등의 동기의
강도는 다음 요인이 상호작용하는 방식으로 정해진다고 주장한다.

■ **유의성**(Valence): 그 사람의 그 행동이 얼마나 매력적인가? 어떤
  보상을 기대할 수 있는가?

■ **수단**(Instrumentality): 그 행동을 성공적으로 수행하면 보상을 받
  게 될 것이라는 생각.

■ **기대**(Expectancy): 요구되는 노력을 기울이면 성공적 수행이 이
  루어질 것이라는 믿음.

이 접근법은 우리가 상황에 따라 다르게 행동하는 이유를 설명해준
다. 즉 우리 행동에는 예상되는 결과, 그것을 얼마나 원하는지, 그
행동을 실천하는 것이 얼마나 쉬운지, 목표한 것을 성취할 가능성
은 얼마나 되는지를 통해 저울질해보는 일이 반드시 수반된다. 따
라서 어떤 경우 보상의 가치는 낮지만 성공 가능성이 높아서 동기
가 유발되기도 하는데, 이는 쉬운 선택이다. 경우에 따라 성공 가능
성은 낮지만 보상 가치는 높은 쪽, 즉 어렵지만 보람이 큰 쪽에 매
력을 느낄 수도 있다.

**성취가 가능한 경우라면,
애매한 목표보다는
확실하고 도전적인 목표를
설정하는 것이
더 큰 동기를 유발한다.**

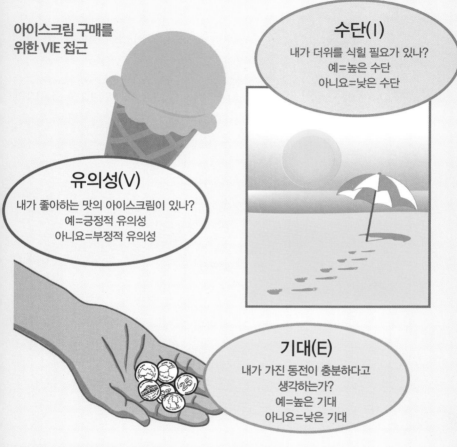

때로 우리가 어떤 행동을 하는 것은 그 행동으로 얻어내리라고 예상되는 가치 있는 결과에 대한 기대 정도에 근거한다. 또 어떤 경우에는 그 행동의 실행 가능성에 근거해 선택이 이루어진다.

7.3 스트레스의 정의

급격한 심장 박동, 빨개진 얼굴, 바짝 마른 입, 축축한 손바닥. 누구나 겪어봤을 법한 스트레스의 증상들이다.

스트레스(Stress)는 행동을 유발하는 생리적 그리고/또는 심리적 각성의 한 형태인데 다음 두 가지 방식으로 영향을 미칠 수 있다.

- **유스트레스**(Eustress)는 도전을 제공하고 우리의 수행 수준을 향상시킨다.

- **디스트레스**(Distress)는 대체로 부정적 결과를 가져오며, 수행을 억제하고 불안과 같은 부정적 감정을 유발한다. 이로 인해 심장 질환을 포함한 좋지 않은 신체적 증상이 나타날 수도 있다.

스트레스 요인에는 위기와 재앙, 중요한 생활사건(결혼, 사별) 및 온갖 일상적 경험이나 위협이 포함된다. 생리학적으로 나타나는 몇 가지 일반적 증상이 있는데 시상하부가 그 대부분을 관장한다.

스트레스 반응이 촉발되면 뇌의 스트레스 담당 부위에서 아드레날린 분비를 활성화해 싸우거나 도망가려는 반응을 준비한다. 다른 효과도 가져오겠지만 이는 심장 박동을 늘리고 땀이 흐르는 것과 같이 당면한 위협에 대응하는 데 유용한 여러 기능을 작동시킨다. 또한 코르티솔(cortisol) 분비를 활성화한다. 코르티솔 분비는 혈당 공급을 유지시키고 상처로 인한 붓기를 가라앉히는 데 도움을 줄 뿐 아니라 면역 반응을 억제하기도 한다.

장기적 스트레스로 인한 소화불량과 그로 인한 식욕 저하를 겪는 사람이 많다.

스트레스에 대한 생리적 반응은 동일하지만 심리적 반응은 사람마다 다르게 나타난다. 이에 대해서는 7.4에서 다룬다.

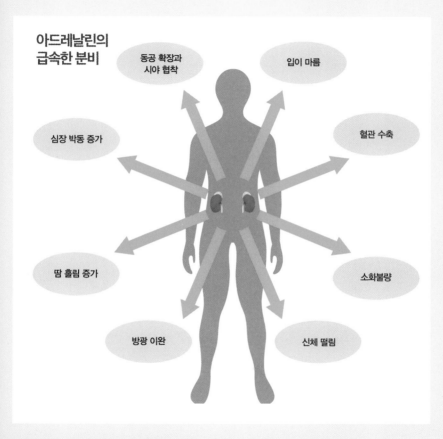

아드레날린은 신장 바로 위에 있는 부신에서 분비된다. 우리 몸의 여러
부위에 영향을 미치는데, 우리를 더 빠르고 기민하게 하며, 일반적으로
투쟁이나 도피 반응을 좀 더 잘하게 만든다.

7.4 스트레스 평가

개를 매우 무서워하는 당신이 사나운 송곳니를 드러내고 으르렁거리는 개와 마주쳤다. 어떻게 할 것인가?

왜 사람마다 스트레스를 느끼는 상황이 다를까? 라자러스(Lazarus)와 포크만(Folkman)의 '스트레스와 대처에 관한 교류 이론'(1984)이 이에 답하고자 하는데, 그 핵심은 스트레스를 평가할 때 우리가 특정 전략을 사용한다는 생각이다. 일차적으로 사람들은 이 상황이 자신에게 의미하는 바가 다음 중 어떤 것인지를 자문한다.

■ 도전: 뭔가 얻어낼 수 있는 상황인가?

■ 피해나 손실: 스트레스를 주는 상황인가?

■ 위협: 장차 나에게 피해를 입힐 만한 상황인가?

만약 그 상황이 위험하다고 판단되면, 그다음에는 자신이 가진 자원으로 거기 대처할 수 있을지에 대해 이차적으로 평가해야 한다. 대처할 수 있다고 느끼면 긍정적 스트레스를 받지만 그렇지 않으면 부정적 스트레스를 받게 된다(7.3 참조).

대처 전략 역시 이러한 평가에 영향을 받는다. 만약 문제를 통제할 수 있다고 느낀다면 그 상황을 바꾸기 위해 문제 기반 전략들을 채택할 가능성이 더 높아져 적극적으로 해결책을 찾을 것이다. 상황이 자신의 통제 범위를 넘어섰다고 느끼면 부정적 감정 상태를 낮추기 위한 감정 기반 전략들을 사용할 것이다.

어느 쪽을 택하건 간에 적어도 단기적 측면에서는 두 전략 모두 문제의 영향을 최소화하는 데 효과가 있다.

이 주제를 다룬 라자러스와 포크만의 논문은 3만 6,000번 이상 인용되었다.

긴장되는 마주침

마주친 상황
자전거를 타고 집에 가던 소년이 멀리서 개가 사납게 짖는 소리를 들었다.

시나리오 1
개는 보이지 않는다. 소년은 개를 무서워한다. 그에게 개가 보이지 않는다는 사실이 상황을 더 악화시킨다. 일차 평가를 통해 소년은 위협을 감지한다.

개가 시야에 들어오자 소년은 그 개가 이웃집 개라는 사실을 알게 된다. 길을 잃은 것이 틀림없다. 소년을 보자 개는 차분해진다. 이차 평가를 통해 소년은 상황에 대처할 수 있다고 느낀다.

시나리오 2
개는 보이지 않지만, 소년은 개 짖는 소리가 귀에 익다고 생각한다. 소년은 장난기 많은 이웃집 개일 수도 있다고 생각한다. 소년은 아무런 위협을 느끼지 않는다. 이차 평가는 필요 없다.

라자러스와 포크만의 모델에 의하면 우리는 먼저 어떤 상황이 제시하는 위협에 대해 일차 평가를 내린 다음 거기에 대처할 수 있는 자신의 능력에 대해 이차 평가를 내린다. 이러한 평가에 따라 우리가 스트레스를 경험할지 여부와 그 방식이 결정된다.

7.5 자아고갈

당신은 옷을 사러 가기 전에 초콜릿의 유혹은 참아냈지만 의지력 부족으로 판매사원이 권하는 비싼 청바지는 거절하지 못할 수도 있다.

로이 바우마이스터(Roy Baumeister)는 자아고갈을 이렇게 설명한다. 만약 당신이 어떤 상황에서 자제력을 발휘했다고 하자. 즉 당신은 실은 동의하지 않는 어떤 주제에 관해 호의적으로 발표해야만 했다. 그렇다면 당신은 그것과는 아무 상관이 없는 다음 행동을 할 때는 자제력의 수준을 낮출 가능성이 크다. 이를테면 몸에 좋지 않은 초콜릿을 먹는 식이다. 반면에 여러 번의 작은 유혹에 굴복했다면 좀 더 크고 중요한 것에 맞설 만한 의지력은 남아 있을 수 있다.

의지력 역시 근육처럼 피로해질 수도 있지만 단련시킬 수도 있는 것으로 여겨진다. 우리는 아주 중요한 상황에 대비해 의지력을 모아둘 수도 있다는 것이다. 어떤 이론가들은 자기통제가 우리 몸의 포도당 유지 정도와 연관된다고 주장하면서 포도당이 풍부한 음식을 섭취해 의지력을 보충할 것을 제안한다.

대안 모델에서는 자아고갈이란 통제에 대한 갈망에서 만족감으로 동기가 전환된 것을 반영한다는 생각을 내놓기도 한다. 어느 쪽이든 자아고갈은 다음을 포함한 다양한 효과와 관련된다.

■ 자기통제를 요구하는 죄의식을 더 적게 경험함.
■ 다이어트를 하는 사람들 중에 칼로리 섭취가 증가되는 경우가 발견됨.
■ 운동선수들의 정신적 투지가 저하됨.

자아고갈이 소비자를 마음에 드는 제품에 더 집착하게 하고 기꺼이 더 많은 돈을 지불하게 만들 수 있다.

자아고갈 효과는 연령대와 관련이 있을 수도 있다. 대부분의 연구가 대학생을 대상으로 이루어졌는데, 40세 이상을 대상으로 한 몇몇 연구에서는 자아고갈의 효과가 나타나지 않았다.

유혹을 이겨낼 것인가, 유혹에 넘어갈 것인가……

사소한 결정에 의지력을 사용하지 않음으로써 보다 중요한 결정에 더 큰 의지력을 발휘할 수 있게 된다. '작은 일에 땀을 빼는 것'은 가장 결정적인 순간에 통제력을 발휘할 수 있는 능력을 줄인다.

7.6 분노

분노는 우리 모두가 알 수 있는 감정이지만 정의하기는 어렵다.

심장 박동과 혈압 상승, 부신 반응과 짧은 호흡 등은 모두 화난 사람의 특징이다. 분노의 생리학적 표현은 공포와 같은 다른 감정과 유사하지만 행동은 다르게 나타난다.

분노와 연관된 얼굴 표정은 선천적인 것으로 보이며 문화적 보편성을 갖는 듯하다. 조인 입술, 드러난 치아, 콧등을 향해 내려온 눈썹. 팔을 들어 올린 자세로 몸을 쫙 펴면서 앞을 향해 선 모습이다. 인지적 측면에서는 다른 사람들을 향한 편견이 더 심해지고, 더 낙관적이 되며 위험에 대한 의식은 낮아진다.

행동 범위는 소극적 공격성(누군가를 무시)에서 걷잡을 수 없는 폭력까지 모두 포함한다. 과학자들은 이러한 반응 특성을 지도로 만들어보려 했다. 예를 들어 에프렘 페르난데즈(Ephrem Fernandez)는 분노가 방향, 원인, 반응, 특성, 충동성, 객관성(2008) 등 여섯 가지 면에서 다양하게 나타날 수 있다고 주장했다.

이보다 더 간단한 분류 기준이 있기는 하지만, 분노가 상당히 복잡한 상태인 것만은 분명하다. 분노에 대처하는 분노 조절 훈련으로 보통 **인지행동 치료**(CBT; Cognitive Behavioural Therapy)가 실시된다. 이는 분노 반응이 상황에 대한 잘못된 평가에 근거함을 전제하며(7.4 참조), 사고방식을 바로잡음으로써 행동을 좀 더 잘 조절할 수 있게 한다.

화가 난 상태에서 다른 사람들을 평가할 때는 고정관념에 더 많이 의존하는 것으로 보인다.

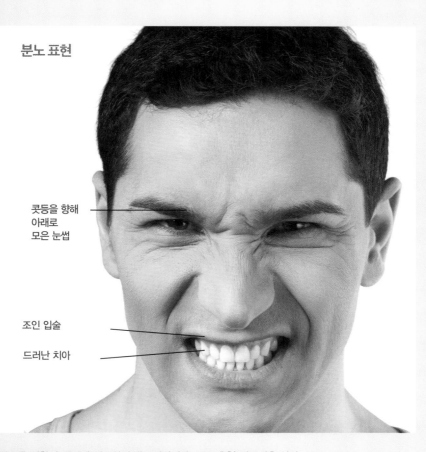

분노 표현

콧등을 향해
아래로
모은 눈썹

조인 입술

드러난 치아

분노를 정확히 정의해 지도화하기는 어렵지만, CBT 유형 접근법은 화가
나게 만드는 상황에 대응하는 방식은 물론 그 이후 이어지는 행동을 어
떻게 조절할지도 돕는다.

7.7 죄책감

우리가 죄책감을 느끼거나 당황하면, 우리 때문에 불쾌했던 사람들은 거의 자동적으로 좀 더 호의적인 반응을 보인다.

우리는 제대로 살아가려면 집단의 일원이 되어야 하는 사회적 존재들이다. 죄책감이 우리의 행동을 조절하는 기능을 하는 것으로 보인다.

수치심과 당혹감도 나름의 역할이 있다. 수치심은 사회적 규범을 어기는 행동에 대해 뉘우침을 표현하도록 하며 당혹감은 그런 행동이 의도적인 것이 아니었음을 표현한다. 이러한 감정은 출생 시에는 나타나지 않지만 후에 모든 문화권에 보편적으로 나타난다.

당혹감을 드러내는 몇 가지 얼굴 표현이 있는데 여러 문화권에서 공통적인 것이 얼굴 붉힘과 시선 회피, 아래쪽이나 왼쪽을 쳐다보는 것 등이다. 이러한 얼굴 표현은 상대방의 부정적 반응을 완화시키는 데 효과가 있다. 즉 상대가 당혹스러워하면 아무래도 그에 대한 처벌이 약해진다. 실험에서는 죄책감이 사람들의 협력적 행동 수준을 높이는 것으로 나타나는데 이러한 결과는 일반적으로 협력적 행동을 회피하던 사람들에게서도 마찬가지로 나타난다. 예상되는 수치심의 정도에 따라 조직의 규칙을 얼마나 잘 준수할지를 예측할 수 있다.

이러한 감정이 보편적인 것처럼 보이지만 그 감정 표현의 정도는 문화권에 따라 다양하다. 에미코 코바야시(Emiko Kobayash) 및 동료들의 연구에 따르면 규칙을 어겼을 경우, 미국인 노동자들보다 일본인 노동자들이 더 큰 수치심을 느끼는 것으로 나타났다(2001).

많은 동물이 얼굴이나 몸으로 당황스러움을 표현하지만, 얼굴을 붉히는 것은 사람뿐이다.

용서 구하기

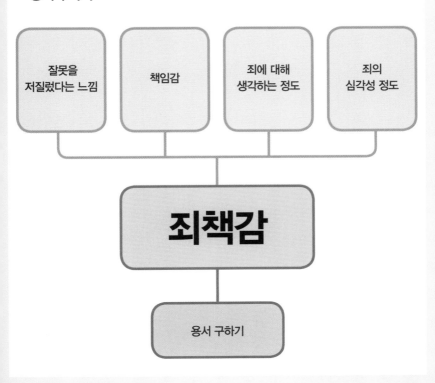

레이크(Reik)와 동료들은 죄책감은 우리가 잘못을 저질렀다고 느끼는 정도, 그에 대해 책임감을 느끼는 정도, 죄에 대해 생각하고 그 심각성을 느끼는 정도로 예측할 수 있다고 했다(2014). 죄책감이 클수록 더 많이 용서받고 싶어한다.

7.8 기쁨과 행복

꼬집어 말하기는 어렵지만 어떤 행복감은 기쁨과 함께 느껴진다.

기쁨의 생리학적 표식은 아직 잘 알려지지 않았다. 기쁨은 생리적 상태를 고양할 수도, 안정시킬 수도 있는데 이는 엔도르핀 분비의 증가와 관계가 있다. 행복도 비슷한 감정이지만 기쁨보다는 덜 강렬하고 좀 더 오래 유지되는 현상으로 감정보다는 기분에 가깝다.

항상 그런 것은 아니지만, 기쁠 때는 미소를 짓거나 웃을 때가 많다. 진정한 미소를 뒤센 미소(Duchenne smiles)*라고 하는데 위로 치오른 입, 들어 올린 광대뼈, 양쪽 눈가 잔주름을 특징으로 한다. 이런 특징은 대체로 잠시 동안만 지속된다. 신생아는 뒤센 미소를 짓지 않지만 출생 후 약 6~8주 정도 되면 사회적 자극에 대한 반응으로 뒤센 미소를 짓기 시작한다.

기쁨이나 행복 같은 긍정적 감정에 대한 과학적 연구는 부정적 감정에 대한 연구만큼은 발전하지 못했다. 그러나 긍정심리학(Positive Psychology)이라고 알려진 과학적 흐름 덕분에 변화가 일어나고 있다. 1998년 이 분야의 대표 심리학자 마틴 셀리그먼(Martin Seligman)이 심리학의 초점이 정신 질환에만 맞춰져 있고 일반인들의 삶을 개선할 기회는 놓치고 있다고 역설했는데, 이것이 긍정 심리학 운동의 본격적 출발점이 되었다.

뒤센 미소를 지을 때 사용하는 근육을 일부러 움직여보는 것만으로도 기분이 좋아질 수 있다.

그 후 거의 20년이 지난 지금, 이 운동에 힘입어 다양한 긍정적 감정과 상태에 관한 연구가 이뤄지고 있다. 여기에는 모든 일이 힘들이지 않고 일어나는 듯 보일 때 느끼게 되는 '몰입'도 포함된다.

---

* 프랑스의 생리학자 뒤센 드 불로뉴(Duchenne de Boulogne)가 발견해 이런 명칭이 붙었다.

뒤센 미소

양쪽 눈가에는 잔주름

들어 올린 광대뼈

치오른 입

미소를 지으며 보내는 시간이 많지만, 진정한 미소의 모양은 뒤센 미소 뿐이다. 또 이 미소는 아기가 할 수 있는 가장 초기 형태의 사회적 의사 소통 중 하나다.

7.9 사랑

당신은 열정적 연인인가
아니면 친구 같은 연인인가?
아마 둘 다일 것이다. 당신의
감정은 어떤 관계를 맺고
있느냐에 따라 달라진다.

연구자들이 발견한 바에 따르면 사랑에 빠졌을 때 그에 상응하는
생물학적 반응이 생성되는 것으로 보인다. 이를테면 사랑의 느낌
을 경험할 때 도파민이나 옥시토신처럼 그 느낌과 관련이 있는 신
경전달물질의 활동이 생겨난다(2.4 참조). 엘레인 해트필드(Elaine
Hatfeld)에 따르면 사랑은 크게 다음 두 가지로 나눌 수 있다(1987).

■ 열정적 사랑은 깊고 격렬한 감정과 함께, 종종 심장 활동의 증가
   나 다른 신체적 각성 같은 증상을 수반한다.

■ 동반자적 사랑은 깊은 감정을 수반하지만 신체적 흥분은 덜하다.

일반적으로 동반자적 사랑은 열정적 사랑에서 비롯될 수 있으며 전
형적으로 보아 좀 더 안정적인 것으로 여겨진다. 사랑이 얼마나 오
래 지속되는지는 문화권에 따라 다양하다. 2012년 벨기에의 이혼
율은 1,000명당 2.81명으로 보고되었으나 싱가포르는 1.3명이었
다. 중매결혼이냐 연애결혼이냐에 따라서도 차이가 난다. 사회과학
자 우샤 굽타와 푸시파 싱(Usha Gupta and Pushpa Singh)의 보고에
따르면 초기에는 중매결혼보다 연애결혼의 사랑률(love rates)이 높
다. 그러나 연애결혼의 경우 이러한 사랑률이 결혼 후 2~5년이 지
나면 감소하는 반면, 중매결혼의 경우 10년 이후에도 대개 안정적
으로 지속되는 것으로 나타났다(2009).

사랑이 지속될 수 있다는 데는 의문의 여지가 없지만, 관계마다 또
상황에 따라 달라진다.

연구에 따르면
로맨틱한 사랑의 사진을 볼 때면
뇌의 신경회로 중에서
보상 경로(reward pathway)가
활성화된다.

여섯 가지 유형의 사랑

에로스
열정 - 온 마음을 다 빼앗는 감정으로 섹스가 중요한 요소다.

마니아
강렬한 사랑 - 질투와 불안으로 특징지어진다. 섹스는 사랑이 존재한다고 안심시키는 수단으로서 제공된다.

스토르게
동반자적 사랑 - 열정 없이도 친밀감이 형성되며 헌신은 필수적이다. 다른 유형의 사랑에 비해 섹스가 덜 중요하다.

루더스
사랑은 게임이다 - 질보다는 양이 중요시되며, 섹스는 그저 즐기기 위한 것이다. (배우자나 애인에 대한) 헌신의 수준이 낮고 부정(不貞)의 수준은 높다.

사랑

프라그마
실용적 사랑 - 논리적·실용적으로 상대방을 대한다. 섹스는 행동에 대한 보상이거나 아이를 낳기 위한 수단이다.

아가페
너그러움과 무조건적인 사랑이다.

1980년대에 존 앨런 리(John Alan Lee)나 클라이드 헨드릭(Clyde Hendrick)과 수전 헨드릭(Susan Hendrick) 같은 과학자들은 사랑에 여러 유형이 있으며 각기 다른 정서적·인지적 특징을 띤다고 주장했다.

7.10 도덕적 딜레마

우리는 언제, 그리고 어떻게 감정을 사용해 도덕적 딜레마를 해결하는가?

필리파 풋(Philippa Foot)이 1967년에 처음 소개한 이후 많은 과학자가 우리의 행동방식을 연구하고자 인도교(footbridge)나 선로(track) 딜레마 같은 문제를 활용하고 있다.

당신이 인도교에 서 있는데 군중을 향해 달려오는 기차를 보았다고 상상해보라. 당신 옆에는 체격이 큰 남자가 서 있다. 그 남자를 선로로 밀어 선로에 떨어뜨리면 기차를 멈춰 선로의 군중을 구할 수 있지만 그 남자는 죽는다. 당신이라면 그를 밀겠는가? 실험 참가자 가운데 몇몇이 그럴 것이라고 대답했다. 이번에는 당신의 지시에 따라 기차가 방향을 바꿔 한쪽 선로에 있는 여러 사람을 피해 가는 대신 다른 쪽 선로에 있는 사람 한 명을 죽게 할 수 있다고 상상해 보라. 참가자 가운데 많은 사람이 선로의 방향을 바꿀 것이라고 대답했다.

왜 이런 차이가 나타날까? 연구에 따르면, 의도적으로 누군가를 다리에서 밀어 떨어뜨리는 것은 감정적 반응을 수반하지만, (양자택일의 상황에서) 한 사람 대신 군중을 선택하는 것은 보다 합리적이며 인지적인 반응이기 때문이다. 실제로 인도교 딜레마를 생각할 때는 뇌의 감정 영역이 활성화되고 선로 딜레마는 추상적 사고와 관련성이 높은 영역을 활성화하는 것으로 보이는데, 이 역시 위의 견해를 뒷받침한다.

후속 연구에서 선로에 있던 한 사람이 자신의 최후를 알게 되는 상황을 가상현실로 보여주어 참가자들의 감정을 각성시키자 그 한 사람을 희생시키는 쪽의 응답 빈도가 줄어드는 것으로 나타났다.

또 다른 사고실험에서는 체격이 큰 남자를 악한이나 사랑하는 사람 또는 아이로 바꾸어 등장시키기도 한다.

당신이라면 어떻게 할 것인가?

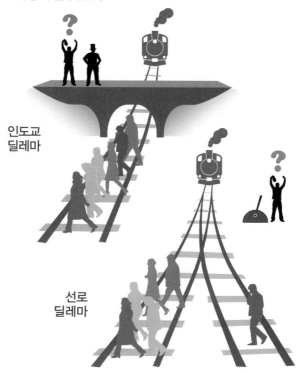

인도교
딜레마

선로
딜레마

인도교 딜레마와 선로 딜레마는 표면적으로는 유사해 보이지만 상이한
인지적·신경학적 효과를 이끌어내는 것 같다. 이는 결국 상이한 행위의지
(behavioural intentions)로 이어진다.

집단과 개인

나 이와 성별 그리고 문화의 차이에도 불구하고 우리는 다른 사람들과 많은 성격적 특성을 공유한다. 우리는 거의 비슷한 일을 거의 비슷한 방식과 거의 비슷한 이유로 한다. 우리가 모두 한 무리의 일원이기는 하지만 각자 독특한 특징이 결합된 존재이기도 하므로 개별적으로 연구해볼 만한 가치도 있다.

이 장에서는 바로 그 특징에 주목한다. 먼저 Q분류(Q-sort)를 포함해 사람들 각자의 독특함을 연구하는 데 쓰인 다양한 방법을 살펴본다. 이들 중 일부는 심리 테스트로 개발되었으며, 전체 인구 가운데 어느 정도에 해당하는지 알아보고자 그 결과를 다른 사람들의 결과와 비교한다. 이러한 검사를 통해 좋아하는 것과 싫어하는 것, 기대와 두려움, 기술과 지능 등 아주 다양한 측정이 이루어질 수 있다.

성격 차이는 쉽게 관찰된다. 하지만 그 차이가 생물학적으로 유전되는지 아니면 상황에 따른 필요에서 생겨나는지 둘 중 하나를 정말로 확신할 수 있는가? 한 가지 확실한 것은 일반지능은 측정이 가능하며 개인의 지적 잠재력의 반영이라는 점이다. 일반지능을 보완하는 개념이 '적성'이다. 정말 뛰어나게 구사하는 기술은 무엇인가? 그리고 당신이 잘하지 못하는 것은?

이 장의 마지막 부분에서는 다음 세 가지 주제와 그 세 가지가 우리의 사회적 행동에 미치는 영향을 살펴본다. 첫 번째는 문화다. 유독 서양 사람들을 대상으로 많은 심리적 연구가 행해진 이유는 무엇이며 연구 대상의 이런 불균형을 어떻게 바로잡을 수 있을까 하는 문제다. 두 번째로 유전자가 성별과 관련된 행동 및 성적 취향을(sexuality)을 결정한다는 개념을 살펴보고자 한다. 그리고 세 번째로 우리가 생각하는 정상 행동에 관해 알아본다. 사람들은 언제 이런 규준으로 부터 점차 멀어져 예외적이 되거나, 극단적으로는 심리적 병리 상태에 처하게 되는가?

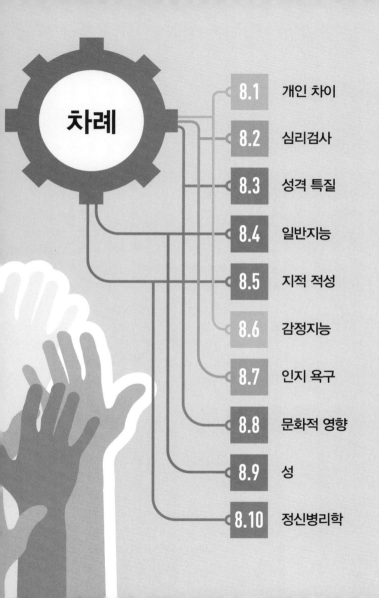

8.1 개인 차이

대부분의 심리학은
집단심리학이지만
우리에게는 분명히 군중과
구별되는 무언가가 있을
것이다.

개인을 연구하는 방법은 상당히 다양한데, 이 방법들은 개인이 또
래와 비교해 어떻게 다른지를 살피고자 그 특징들을 파악하고 기록
한다. 다음은 그 예들이다.

■ **차원적 접근**(dimensional approach). 능력과 성격에 관한 표준화된
검사를 사용해 개인을 여러 차원에서 또래와 비교한다. 개인이
영리한지, 동기 유발 정도가 어떤지, 외향적인지 등을 알아본다.
직원 선발에 광범위하게 사용되며(10.4 참조) 교육에서는 좀 더 선
택적으로 사용된다.

■ **자기참조적 접근**(self-referential approach). Q분류 실험에서, 참가자
는 100개의 자기참조적 설명문을 자신에 대한 설명과 가장 거리
가 먼 것부터 가장 잘 설명하는 것까지 아홉 개 범주로 분류해야
한다(183쪽 그림 참조). 설명문에는 "나는 수줍다" 혹은 "나는 야망
이 있다" 등이 포함될 수 있다. 이 접근법은 임상심리학과 정신의
학에서 사용된다.

■ **단일사례 방법론**(single-case methodology). 면담, 관찰, 표준화된 검
사, 개별화 검사 등을 복합적으로 사용해 개인에 대한 전체적 개
요(profile)를 작성한다. 통제집단의 또래와 비교하면 중요한 차이
점이 분명해진다. 이 접근법은 정신의학과 임상신경심리학에서
광범위하게 사용된다.

아인슈타인의 뇌는 사체에서
분리되어 조각으로 잘린 뒤 허락도
없이 연구자들에게 주어졌다.
그중 일부가 재산권자의 승인
아래 필라델피아 무터 박물관에
전시되었다.

이 방법들은 **개별 사례**(idiographic)에 해당하며 개인 및 그 독특성에
관심을 갖는다. 또한 상당히 **법칙정립적**(nomothetic)이며 집단심리
학 등 일반화를 추구하는 심리학에서는 상대적으로 드문 방법이다.

Q분류의 예

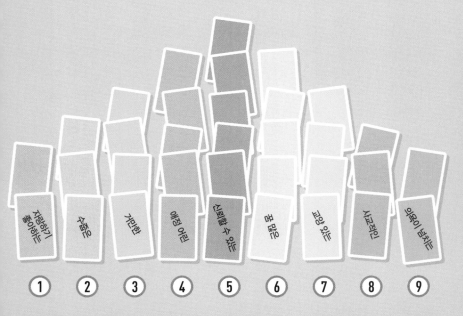

1. 자랑하기 좋아하는
2. 수줍은
3. 거만한
4. 애정 어린
5. 신뢰할 수 있는
6. 꿈 많은
7. 편안한 있는
8. 사교적인
9. 의욕이 넘치는

Q분류에서는 개인의 특성을 1부터 9까지 등급에 따라 배치한다. 위 경우, 자신이 매우 사교적이고 의욕이 넘치지만 특별히 거만하거나 수줍어하지는 않는다고 평가했다.

Q분류는 상당히 다양한 연구에 사용된다. 개인 평가에도 유용한데,
자기 자신의 특징에 대해 순전히 주관적인 관점을 제공해주기 때문이다.

8.2 심리검사

당신의 성격적 특성과 능력에 대한 엄밀한 분석을 통해 심리학자들은 정규 분포에서 당신의 위치가 어디인지를 가늠해볼 수 있다.

심리검사는 개인을 성격적 특성과 능력, 태도, 기술 그리고 행동에 따라 특징지을 수 있다고 전제한다. 이러한 특징은 측정 가능한 것으로 간주된다. 주요 가정 중 하나는 각 개인이 일반 대중 안에 정상적으로 분포되어 있다는 것이다(185쪽 참조).

검사는 알고자 하는 특징의 모든 측면을 다루는 질문과 진술로 구성된다. 예를 들어 외향성 검사는 다음과 같은 문항을 포함할 것이다. "당신은 외출하는 것을 좋아합니까?", "당신은 혼자 있는 것을 좋아합니까?" 등. 이러한 검사는 다음 몇 가지 규준을 충족해야 한다.

■ 검사는 믿을 만해야 한다. 같은 사람을 다른 여러 가지 상황에서 검사해도 결과가 일관성 있게 나와야 한다.

■ 검사는 타당해야 한다. 측정하고자 했던 것을 반드시 측정해야 하고 피검자에 관해 정확히 예측하는 데 사용되어야 한다.

■ 검사는 편견을 배제해야 한다. 예를 들어 수학 과목 능력 검사는 집중적인 학교 교육 여부에 따라 결과가 달라질 수 있으며, 태도 검사는 사회적으로 바람직한 응답을 더 좋게 평가하는 경향이 있다. 따라서 이런 편견에 대한 고려와 함께 그 예상치가 검사의 일부로 고정되어야 한다.

중국에서는 이미 2,000년 전에 법조계와 군, 농업, 그리고 세무와 관련된 관청에서 일하기에 적합한 능력을 살펴보고자 지필 시험을 실시했다.

심리검사는 업무에 적합한 직원을 선발하는 일에서, 아동의 능력을 평가하기 위한 교육, 그리고 개인의 문제를 사정하여 적절한 치료를 제공하기 위한 임상심리에서 광범위하게 사용된다.

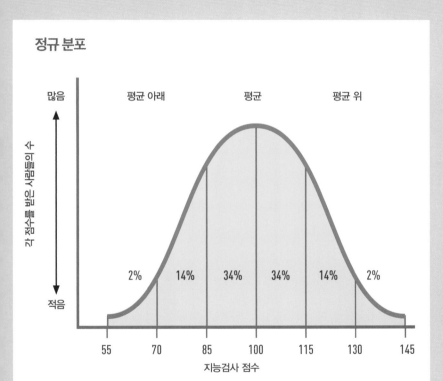

정규 분포

많음

각 점수를 받은 사람들의 수

적음

| 평균 아래 | | 평균 | | 평균 위 | |

| 2% | 14% | 34% | 34% | 14% | 2% |

55   70   85   100   115   130   145

지능검사 점수

이 표는 정규 곡선 아래 각 영역마다 해당 점수를
획득한 사람들의 빈도를 보여준다.

어떤 검사든 많은 사람을 대상으로 무작위로 실시한 후 각 점수를 획득한
사람들의 빈도를 표로 그리면 종 모양 곡선을 얻게 된다. 가장 많은 사람이
중간에 위치하고 극단으로 갈수록 사람들의 숫자는 점차 줄어든다.

8.3 성격 특질

당신의 성격은 어떤가?
187쪽의 열여섯 가지 성격
특질을 살펴보라. 그중 당신을
묘사하는 것은 몇 개인가?

우리는 언제나 성격에 대해 얘기한다. 사람들을 묘사하거나 사회적으로 어울릴 때 성격은 상당히 유용하다. 그러나 성격을 객관적으로 묘사하고 측정하기란 몹시 어려운 일인 것으로 밝혀졌다.

레이먼드 커텔(Raymond Cattell)의 1940년대 연구에서는 성격 개념을 위계적 구조로 설명한다. 그는 일상적 단어(활발한, 걱정스러운, 주의 깊은)와 요인 분석(factor analysis)이라 불리는 통계적 기법을 사용해 열여섯 가지 성격 특질을 찾아냈다. 그리고 이를 다섯 가지의 좀 더 넓은 특질로 줄였는데 이것이 이후 보편적으로 받아들여진 **성격의 5요인 모델**(Big Five)의 선도자라 할 수 있다. 보다 최근의 연구에서는 같은 기법을 사용해 성격의 일반적 단일 요소를 확인했는데, 이는 사회적으로 바람직한 행동과 관련 있다(187쪽 참조).

성격을 어떻게 정의할 것인가? 성격 특질이 생물학적 기반을 갖는다고 보는 관점도 있다. 외향적인 사람은 사회적 자극을 추구함으로써 일반적으로 낮은 수준의 각성을 증가시킬 필요가 있는 사람이라는 것이다. 초기의 대안적 관점에 따르면 행동은 전적으로 상황에 의해 결정되므로 우리가 성격이라고 칭하는 행동의 일관성은 환상에 지나지 않는다.

그러나 후속 연구에서 행동은 성격과 상황 그리고 둘 사이의 상호작용으로 예측이 가능하다는 사실이 밝혀졌다. 따라서 어떤 상황에서, 정직한 사람은 그렇지 못한 사람에 비해 유혹을 덜 받겠지만 그럼에도 불구하고 그 역시 유혹에 넘어갈 수 있다.

인간 이외의 동물에게서
가장 많이 볼 수 있는 특질은
외향성과 친화성이다.

성격 특질의 위계

일반적 성격 요인
사회적으로 바람직함

성격의 5요인
정서적 안정성 · 외향성 · 개방성
친화성 · 성실성

커텔의 열여섯 가지 성격 요인
따뜻한 · 추상적 사상가 · 정서적으로 안정된 · 자기주장이 강한
열성적 · 성실한 · 대담한 · 부드러운 · 의심 많은
상상력이 풍부한 · 약삭빠른 · 걱정하는 · 실험적인
자족적인 · 억제된 · 긴장된

성격 특질의 위계에 대한 가설이다. 성격은 다양한 수준으로 묘사될 수 있다. 회사 면접 과정에서 성격을 평가해야 한다면 목적에 가장 잘 맞는 수준을 선택하면 된다.

8.4 일반지능

189쪽 문제에서 당신은 얼마나 빨리 정확한 카드를 찾았는가? 이런 과제는 지능검사에 자주 등장한다.

일반지능(general intelligence)[찰스 스피어먼(Charles Spearman), 1904]은 이해나 추론, 문제 해결과 학습 과제에서 수행을 결정하는 일반 요인이다.

일반지능은 난이도가 점차 높아지는 추상적 자료로 이루어진 시간 제한적인 검사로 측정한다. 그 한 예가 레이븐 매트릭스(Raven's Progressive Matrices) 검사다(189쪽 참조). 수행은 '지능지수(IQ)'로 표현되며 이는 개인을 그 또래 집단과 비교한 것이다. IQ로 표시되는 지능은 정규 모집단 안에서는 종 모양 곡선으로 분포되는 것으로 가정한다(185쪽 참조).

문제는 IQ 차이를 어떻게 해석할 것이냐다. 이를테면 사회적 집단 사이에서 관찰되는 차이가 진정한 지적 차이를 의미하는가? 이는 또 다른 질문을 제기한다. 예를 들어 지능은 유전적으로 결정되는가? 아니면 문화적 편견이나 교육을 반영하는 결과인가? 답이 무엇이건 간에, 개인의 IQ가 학문적 성공이나 일생에 걸친 일반적 성취라는 면에서 영향력 있는 예측 변수라는 사실에는 의문의 여지가 없다.

지난 한 세기 동안 일반 대중의 지능지수(IQ)는 크게 올라갔다.

IQ 수행에 대한 주요 비판은 이 검사가 지수 차이를 가져오는 기제에 관해서는 아무것도 알려주지 않는다는 것이다. 그러므로 주어진 과제를 지적으로 수행하는 데 좀 더 중요한 것이 작업 기억인지(5.7 참조), 주의 집중인지 아니면 지식에 좀 더 빠르게 접근하는 것인지는 후속 연구를 통해 밝혀야 한다.

레이븐 매트릭스 검사

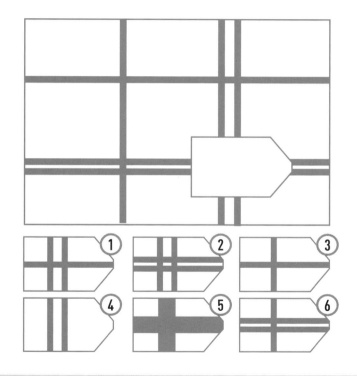

빈 칸에 맞는 패턴을 제시된 여섯 개에서 고르는 문제다. 시간 제한이 있는 검사로서 점차 난이도가 높아진다. 최종 점수로 IQ를 측정한다.

8.5 지적 적성

우리는 타고난 능력 덕분에 잘하는 과목을 좋아하는 경향이 있다. 이러한 적성은 성인이 되었을 때 직업에도 영향을 미칠 것이다.

일반지능은 개인적 차이를 연구하는 데 그저 한 가지 접근법일 뿐이다(8.1과 8.4 참조). 이를 보완할 수 있는 것 중 하나가 사람들은 다수의 독립적인 지적 적성(intellectual aptitudes)에 따라 특징지을 수 있다는 것이다.

적성은 기술이나 기능을 습득하거나 배울 수 있는 타고난 능력이다. 수학에 적성이 있는 사람은 다른 것보다 수학적 기술을 쉽게 배우고, 음악에 적성이 있는 사람은 악기 연주가 쉽게 배울 만한 일이라고 여긴다. 사람들은 저마다 다른 적성을 가지고 있으므로 개인들은 자기 적성에 따라 특징지어질 수 있다.

적성에 대한 보다 넓은 이해는 하워드 가드너(Howard Gardner)의 다중지능(1983) 개념에서 비롯되었다. 초기에 그는 일곱 가지 지능을 그 각각의 지능에 적합한 목표 직업군 예시와 함께 밝혔다(191쪽 참조). 가드너는 이러한 지능을 독립적인 **생물심리학적** (biopsychological) 잠재력으로 보았는데, 이는 우리가 앞서 살펴보았던 뇌 손상에 의해 어떤 능력은 손상을 입지만 다른 부분은 그대로 유지된다(2.6 참조)는 관찰 결과와 일치한다.

가드너의 이론은 교육에 영향을 주었다. 하지만 비평가들은 그가 밝힌 지능(적성)은 이미 잘 확립되었던 것이거나 아니면 어느 정도 임시방편에 불과한 것이라고 주장한다.

서번트(Savant)는 심각한 지적장애가 있음에도 불구하고 한 가지 탁월한 능력(예컨대 음악적 재능)을 가진 사람들을 지칭한다.

다중지능

지능	최종 상태/직업
논리–수학적	과학자, 수학자
언어적	시인, 언론인
음악적	작곡가, 바이올린 연주자
공간적	조종사, 조각가
신체–운동적	무용수, 운동선수
대인관계	치료사, 영업사원
개인이해	자기인식에 도달, 명상가

가드너의 다중지능(c. 1989)과 그 각각에 가장 잘 어울리는 직업 유형.

8.6 감정지능

당신은 다른 사람의 얼굴 표정을 얼마나 잘 읽을 수 있는가? 감정을 잘 이해하는 것은 성공적인 관계 형성에 필수적이다.

감정지능은 인지적 능력과 개인적 특성을 모두 지칭한다. 그런 이유로 다음 두 가지 독립적 개념으로 구체화된다.

■ **감정지능 능력**(ability emotional intelligence)은 감정을 정확하게 인식하며, 감정이 결부되었을 때 정확하게 추론하고, 감정들 간의 관계와 그들이 어떻게 변화하는지를 이해하며, 감정을 효과적으로 관리할 수 있는 인지적 능력이다. 이러한 능력은 다음과 같은 문장으로 검사해볼 수 있다. 관리자가 한 직원에게 같은 부서 동료 직원들 앞에서 생각지도 못했던 부정적 의견을 전달했다. 당신은 그 직원이 어떻게 느꼈으리라고 생각하는가? 여기에 답변하려면 당연히 인지적 능력이 요구된다.

■ **감정지능 특질**(trait emotional intelligence)은 성격 특질로서 지적 능력과는 별개로 여겨지는데 이는 다른 성격 특질도 마찬가지다. 감정지능 특질은 개인의 감정적 자아에 대한 인식을 수반한다. 이 특질에 대한 검사에서는 적응성, 감정을 표현하는 능력, 사회적 인식, 낙관주의 등을 살펴본다. 이 특질은 성격의 5요인과는 별개지만 일반적 성격 요인과는 상관관계를 맺는다는 주장이 있다(8.3 참조).

감정지능은 인간이 다른 사람들과 관계 맺는 능력이 그들의 관계에 영향을 미치는 감정을 이해하는 능력에 상당히 의존하는 사회적 동물임을 보여준다.

인간 이외의 동물에서도 정체성, 성적 매력, 감정 상태를 처리하는 특별한 두뇌 체계가 발전해왔다.

감정 인식

수줍어한다 · 혼란스러워한다 · 고통에 차 있다

화가 난다 · 행복해한다 · 슬퍼한다

즐거워한다 · 회의적이다 · 놀라워한다

감정을 정확히 인식하는 능력이 감정지능의 지표다. 문화권이 달라도 기본 감정에 대해서는 동일한 방식으로 인식하는 것을 보면 감정지능의 이런 측면은 보편적이다.

8.7 인지 욕구

당신은 주변 세상을
이해하느라 끝없는 시간을
보내고 있다고 느끼는가?

신경 써서 생각하는 걸 피하려는 사람이 있는 반면 왜 어떤 사람들은 끊임없이 뭔가를 생각하려는 듯 보이는 걸까? 이를 두고 심리학자들은 인지 욕구(NFC; Need For Cognition)라는 개인적 차이 때문이라고 한다.

NFC를 지닌 개인은 자신과 다른 사람들의 삶에서 일어나는 일들을 이해하고자 면밀한 생각을 이어간다. 그들은 다음 중 하나 혹은 그 이상의 행동을 보일 수 있다.

■ 그들은 적절한 논거에 의해 더 잘 설득된다(4.4 참조).

■ NFC가 높은 개인은 휴리스틱에 근거한 편견에 좀 더 저항하는 경향이 있다. 대신 합리적으로 보이는 편견에 더 많이 영향을 받는다(4.5 참조).

■ NFC가 낮은 사람들이 고정관념에 좀 더 의존하는 반면, 높은 수준의 NFC를 지닌 사람들은 성격적 특질과 더 많이 관련짓는다. 예를 들어 개방성을 경험과 성실성에 연결시킨다(4.3과 8.3 참조).

■ NFC는 보다 낮은 수준의 대인관계 불안 및 어떤 과제에 '몰입'할 수 있는 능력과 관련된다.

인지 욕구가 높은 사람들은
잘못된 기억을 만들어낼 가능성이
높다(10.7 참조).

전반적으로 인지 욕구는 개인적 차이로, 어떤 사람들은 뭔가를 골똘히 생각하기를 즐기는 반면 누군가는 그렇지 않은 까닭을 설명해준다. 또 이 특질과 관련된 몇몇 인지적 효과(그리고 편향성)를 설명해준다.

설득과 인지 욕구

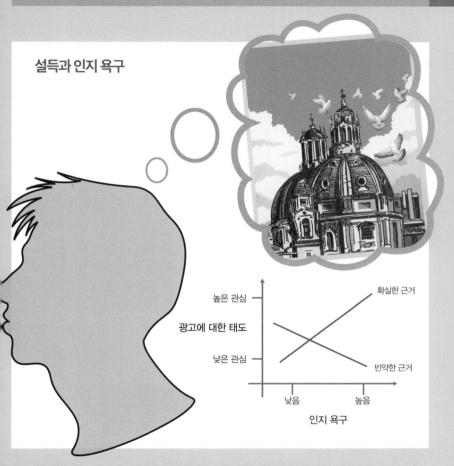

광고를 접했을 때 인지 욕구가 높은 사람들은 근거가 빈약한 것보다는 근거가 확실한 것에 좀 더 영향을 받는다. 인지 욕구가 낮은 사람들은 두 가지 모두에 광범위하게 그리고 동등하게 영향을 받는다.

8.8 문화적 영향

주류 심리학에서는 간과될 때가 많지만, 문화는 강력한 영향력이 있다.

조 하인리히(Joe Heinrich), 스티븐 하이네(Steven Heine), 아라 노렌자얀(Ara Norenzayan)이 제기한 바에 따르면, 심리학에 대한 주요 비판은 그들의 연구 대부분이 서구(W)의 교육받은(E) 사람으로서 산업화(I) 사회에 살면서 부자(R)이고 민주적인(D) 국가에 거주하는 사람들(WEIRD)을 대상으로 행해졌다는 것이다. 좀 더 광범위한 문화적 영향력에 대한 연구는 상대적으로 부족했다는 지적이다.

헤이즐 마커스(Hazel Markus)와 앨래나 코너(Alana Conner)는 문화는 다음과 같은 '네 개의 I(Four I's)'로 우리에게 영향을 미치며 그 영향은 무시될 수 없는 것이라 주장한다.

■ 우리 자신을 개인(Individuals)으로서 어떻게 인식하는가.

■ 사람과 사회적 개체 간의 (대중매체, 공적 메시지, 건축 등 다양한 매체를 통한) 상호작용(Interact)은 어떤 방식으로 이루어지는가.

■ 사회적 규범과 법률을 개발하고 집행하는 기관들(Institutions: 학교, 교회, 정부).

■ 우리에게 영향을 미치는 모든 것을 뒷받침하는 생각(Ideas). 우리 또한 이 모든 요인에 영향을 미친다(문화적 진화를 가능하게 한다).

전 세계 인구와 비교해, WEIRD에 속한 사람들은 많은 척도에서 종종 정규 분포의 극단 값에 속한다.

그러나 개인을 놓고 볼 때 문화는 인지와 행동에서 중대한 차이를 만들어낸다. 예를 들어 '귀인' 연구에서 특정 행동에 대한 우리의 인식은 자신의 소속과 관련해 편향성을 보이는 모습이 흔히 나타난다 (4.5 참조). 그러나 WEIRD 문화권 밖에서는 이런 영향이 훨씬 줄어든다.

개인주의와 집단주의

인지와 행동

개인주의
독립
개인적 노력과 보상
자신에 대한 책임

집단주의
상호의존
집단적 노력과 보상
다른 사람에 대한 책임

문화

집단주의적 문화와 개인주의적 문화는 자아에 대한 견해가 서로 다르다. 개인의 역할이 어느 정도인가도 그중 하나다. 이러한 견해차는 사람들의 사고방식과 행동방식에 영향을 미친다. 한 개인의 심리적 현상을 온전히 이해하는 데는 그가 속한 문화의 영향력에 대한 이해가 매우 중요하다.

8.9 성(gender)

성은 생물학적으로
결정되는가? 아니면 사회적
영향을 받으며 형성되는가?

생물학적 성별은 어떤 종의 수컷과 암컷을 구별하는 특징을 나타낸다. 그러나 성(gender)은 이보다 훨씬 복잡한 것으로, 여기에는 성의 의미에 대한 사회적 개념, 자기 성에 대한 개인의 인식 및 표현방식이 포함되어 있다. 오랫동안 성은 생물학적으로 결정되는 일련의 특성으로 여겨져왔다.

그러나 최근 들어서는 사회정체성이라는 관점에서 더 자주 논의된다(4.10 참조). 생물학적 관점에서는 유전적 영향력을 강조하며, 성으로 인한 차이점을 측정할 수는 있어도 조절할 수는 없다고 주장한다. 여기서 말하는 차이점에는 인지적 측면 몇 가지와 기술 숙달도(skill proficiency)가 있다. 하지만 이는 완전한 설명도 아닐뿐더러 뒷받침하는 증거들도 제한적이다. 운동 능력, 언어 사용과 지능과 같은 영역에서 남성과 여성은 특별한 차이가 있다는 증거를 찾기 위한 연구가 다수 진행되었으나 확실한 결론을 내리지 못했다.

이러한 연구와는 대조적으로 사회정체성 접근에서는 규범이나 가치, 기대되는 행동 등의 전달을 통해 성이 형성된다는 견해를 제안한다. 이렇게 습득된 성 도식(gender schemas)이 생물학적 요인보다도 훨씬 광범위하게 우리 행동에 영향을 미친다는 주장이다. 생물학적 영향과 사회적 영향 사이의 그러한 긴장 덕분에 성은 본성과 양육 논쟁에서 주요한 영역으로 여겨진다(1.10 참조).

비판적인 사회심리학자들은
"남자애들이 다 그렇지" 같은
문장이 성 사회화(gender
socialization)의
한 예라고 주장한다.

젠더브래드 인간(The Genderbread person)

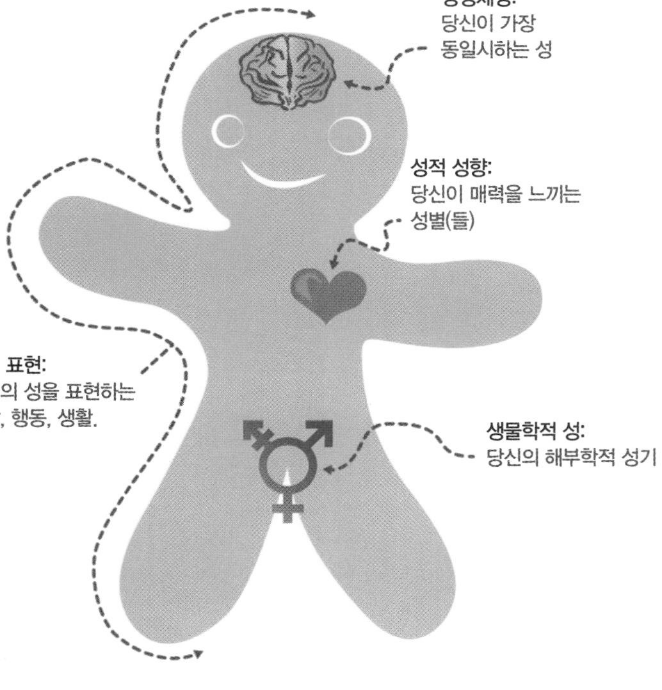

성정체성:
당신이 가장
동일시하는 성

성적 성향:
당신이 매력을 느끼는
성별(들)

성별 표현:
당신의 성을 표현하는
의상, 행동, 생활.

생물학적 성:
당신의 해부학적 성기

샘 킬러맨(Sam Killerman)의 젠더브래드 인간은 성과 성별을 설명하는 것이 얼마나 복잡한 일인지를
보여준다. 성을 생각할 때 우리는 자신의 해부학적 성기뿐 아니라 (때로는 그럼에도 불구하고) 우리가
가장 동일시하고 가깝게 이끌리는 성별(들)은 무엇인지도 고려해야만 한다.

8.10 정신병리학

관계 형성에 어려움을 겪다가 그것이 성격장애로 발전하는 시점은 언제인가?

어떤 특성을 조사했을 때 그 결과가 정규 분포를 보인다는 가정(8.2 참조)은 양쪽 극단에 분포된 사람들은 통계상 예외임을 의미한다. 지능을 예로 들면, 아주 낮거나 높은 경우가 양극단에 자리하며 극소수 사람들이 거기에 포함된다.

여기서 중요한 것은, 개인의 상태가 이 극단에서도 **정신병리학** (psychopathology) 문제로 이행하는 시점이다. 예를 들어 누군가의 우울증이 심각하게 우려할 만한 문제로 여겨지는 때는 언제인가?

임상 의사와 교육 전문가는 개인을, 한편으로는 또래와 비교해 평가한다. 하지만 또 한편으로는 개인에게서 관찰되는 특성이 정신병리학 규준에 부합하는지 판단할 필요가 있는데, 이 절차가 그 상태에 대해 현재 통용되는 이론에 크게 좌우된다.

여기서 검사가 중요한 역할을 한다. MMPI(The Minnesota Multiphasic Personality Inventory: 다면적 인성 검사)는 성격과 정신병리에 관한 종합 검사로 반사회적 행동, 자살 의도, 수줍음과 정신병적 기질을 다룬다. 그 이외의 다른 검사들은 좀 더 선별적으로 이루어진다.

일반적인 경우와 예외적인 경우 사이에 물론 애매모호한 측면이 있기 때문에 이러한 영역은 정신병리가 헤쳐나가기가 쉽지 않지만, 문제를 다루는 평가 도구가 점차 정교해지고 있고 관련 이론도 발전하고 있다.

정신증과 우울증 같은 장애는 고대에도 있었다.

예외성

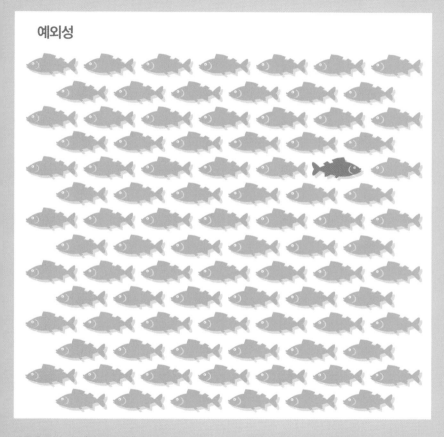

흐름을 거슬러 헤엄치는 것은 눈에 띄는 일이지만 그 결과가 긍정적일지 부정적일지는 남들과 다른 방향으로 헤엄친 이유가 무엇이었느냐에 달렸다. 즉 특출한 재능 때문일 수도 있고 정신분열증처럼 장애를 초래할 만한 정신적 상태 때문일 수도 있다.

정신건강

대다수 사람은 일생 동안 정신건강 문제를 경험하거나 영향받는 일 없이 살아갈 것이다. 그러나 또 상당수는 그렇지 않을 것이다.

18~36%의 사람들이 일생 동안 어떤 형태든 정신건강상의 어려움을 경험하며 네 가정 중 한 가정은 정신건강 문제를 지닌 식구가 있는 것으로 추정된다. 정신증과 같이 오래가지 않고 산발적으로 나타나는 상태도 있고 성격장애와 같이 좀 더 지속적인 경우도 있다. 정신건강 문제 중에는 삶의 특정 시기에 더 영향을 끼치는 것도 있는데 퇴행성 장애나 스트레스가 그러한 예다.

일반적으로 정신장애 진단이란 특정한 상황에서 나타나는 특별한 증상을 식별하는 일이다. 증상의 분류에 관해서는 다양한 진단 설명서에 밝혀져 있다. 이 중 많이 사용되는 것이 미국 정신의학회에서 작성한 《정신장애 진단 및 통계 편람(Diagnostic and Statistical Manual of Mental Disorders)》이다. 이 분류에 기초한 접근은 장애의 본질과 관련한 논쟁은 물론 특정 조건이 장애로서 기준을 갖추었느냐 하는 점에서 비판을 받고는 하지만 이런 설명서가 진단을 위한 공

통 기준을 제공하며 정신건강 관리의 중심이 되고
있다.

정신건강 문제 중에는 심리적 개입이 치료에 추가
되어야 하는 경우도 있고 약물 치료를 중점적으로
해야 하는 경우도 있다. 만약 당신 자신이나 (아니
면 다른 누군가의) 정신건강이 우려된다면 언제나
최선은 조언을 구하는 것이다. 우선은 믿을 만한
의사를 찾아가는 것이 좋고, 정신건강 문제를 지
닌 사람들을 지원하는 단체도 많이 있다.

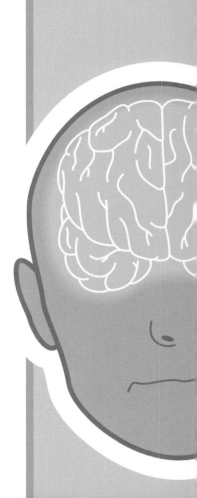

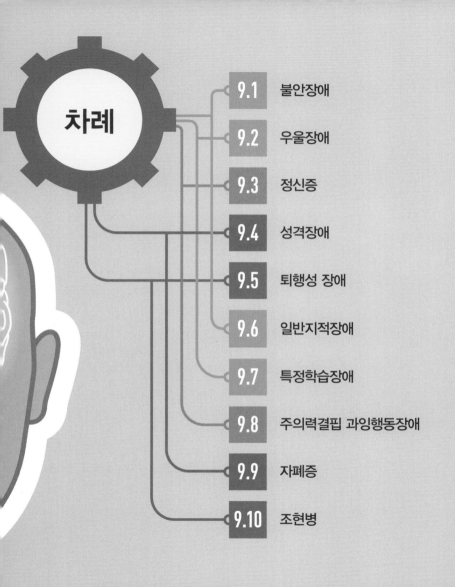

9.1 불안장애

불안장애는 범위가 넓다. 많은 사람이 인지행동치료(CBT) 같은 말하는 치료로 효과를 보았다.

불안장애에는 강박장애(OCD), 공포증(phobia), 공황장애(panic disorder), 일반화된 불안장애(GAD), 외상후스트레스장애(PTSD)가 있다.

■ 강박장애의 핵심은 심한 스트레스를 야기하거나 무언가에 과도한 시간을 소비하게 만드는 집착 혹은 강박증과 관련된다는 것이다. 이는 지나치게 신중한 행동이나 엄격하게 의식화된(ritualistic) 행동으로 이어지기도 한다.

■ 공포증은 실재하는 위험에 비해 지나칠 정도로 두려움을 느끼는 불합리한 공포와 연관된다. 광장공포증과 사회공포증 그리고 특정 대상과 연관된 공포증이 있다.

■ 공황장애는 공황발작을 포함하며, 이는 신체적 증상과 함께 발작을 일으킬 만한 상황을 피하려는 행동 변화를 수반한다. 일반적으로 10대 후반에 시작되며 여성들에게서 더 많이 나타난다.

■ 일반화된 불안장애는 특별히 불안을 일으키는 대상이 없는데도 심한 불안에 사로잡히는 것으로 그러한 증상이 6개월 이상 거의 매일 나타나는 경우다.

공포증은 종류가 다양하다.
지식공포증은 지식을 두려워하고
대머리공포증은 대머리인 사람을
두려워한다.

■ 외상후스트레스장애는 정신적 외상 사건의 결과로 나타난다. 외상 사건과 관련된 자극 회피, 증상 재경험, 각성 수준 증가(불면증 포함) 등의 증상이 있다.

대부분의 불안기반(anxiety-based) 장애에는 인지행동치료(CBT)가 효과적인 치료법이 될 수 있다. 그러나 어떤 강박장애나 외상후스트레스장애는 효과가 제한적이므로 약물요법으로 보완한다.

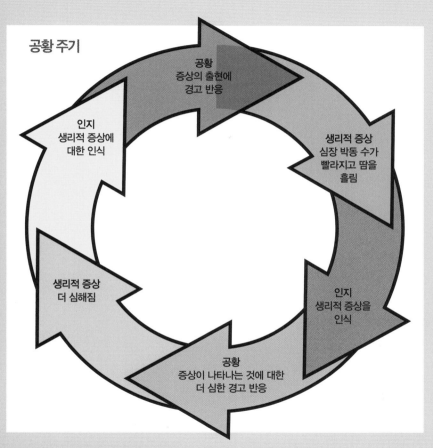

공황 주기

공황
증상의 출현에
경고 반응

인지
생리적 증상에
대한 인식

생리적 증상
심장 박동 수가
빨라지고 땀을
흘림

생리적 증상
더 심해짐

인지
생리적 증상을
인식

공황
증상이 나타나는 것에 대한
더 심한 경고 반응

공황발작에는 부정적 피드백 고리가 생길 수 있는데, 이는 심리학자 클라크(Clark)가 언급한 대로 사람들이 자기 증세에 대해 재앙 수준의 오해를 하는 데서 비롯된다.

9.2 우울장애

우울장애는 생물학적·발달적·사회적 원인 때문에 나타날 수 있다.

대략 말하자면, '주요' 우울장애로 진단받으려면 최소 2주간 다음 증상 중 다섯 가지가 나타나야 한다. 우울증 증상으로는 하루의 대부분을 우울한 기분으로 보내는 것, 심각한 체중 감소, 규칙적으로 발생하는 불면증, 피로, 죄책감이나 무가치하다는 느낌, 생각하는 능력의 감소 등이 있다.

우울증이 발생하는 원인은 다음 세 가지 중 하나다. 생물학적 원인으로는 세로토닌과 노르아드레날린 그리고 도파민 같은 신경전달물질의 분비가 저하되는 것이다. 발달적 원인에는 학습된 인지왜곡과 학습된 무기력감이 있다. 사회적 원인으로는 아동학대 전력이나 현재의 사회적 고립이 포함될 수 있다.

여러 나라의 유병률(有病率)을 조사한 연구에 따르면 약 3~7% 사람들이 살아가면서 언젠가는 우울증 진단을 받는 것으로 나타난다. 이 가운데 10~20% 정도는 나중에 조증삽화(bipolar disorder, 조울증) 같은 양극성 장애로 발전하는 것으로 보인다. 우울증이 발병하는 주연령층은 20~30세다. 우울증 환자의 자살률은 약 15%로 높은 편이다.

효과적 치료를 위해 신경전달물질에 관여하는 약물과 CBT 같은 말하는 치료법이 복합적으로 사용된다. 어떤 유형의 우울증에는 전기충격요법이 효과적이라는 증거도 있다.

영국에서는 불안과 우울이 가장 흔한 정신건강 문제다.

우울증의 증상

행동으로 나타나는 증상: 다른 사람과 어울리지 않고, 의무를 게을리하며, 불안해하거나 불안정하고, 알코올 섭취가 증가한다.

생각과 관련해 나타나는 증상: 빈번한 자기비판과 집중력 문제가 생기고, 혼란스러워하며 우유부단하다.

감정적 증상: 슬픔, 불안, 감정기복, 자신감 결여, 쉽게 짜증을 냄.

신체적 증상: 만성피로와 에너지 결핍, 수면의 과잉이나 부족, 체중의 증가나 감소, 근육통.

피곤함을 느끼거나 몸이 결리고 쑤시는 것은 드문 일이 아니라서 종종 눈에 잘 띄지 않는 우울증 증상이 일축되고는 한다. 그런 이유로 우울증 진단이 어려워진다.

9.3 정신증

정신증은 사람들이 현실과의 접촉을 잃어버리는 마음의 상태다.

정신증 증상에는 환각, 편집적 망상 혹은 기이한 신념, 긴장증(intense), 빠르게 원을 그리며 걷기처럼 격렬하지만 목적 없는 움직임, 그리고 아무것에도 연관되지 않는 것이 있다. 생각이 극도로 동요되고 혼란스러워지는 사고장애도 정신증의 신호일 수 있다.

정신증은 심각한 우울증이나 조현병 같은 장애(9.2와 9.10 참조) 그리고 상당히 많은 다른 장애에서도 볼 수 있다(211쪽 참조). 또한 알츠하이머병이나 파킨슨병 같은 신경퇴행성 장애(9.5 참조), 독극물 중독과도 연관되어 있다. 이는 때때로 2차 정신증이라고 불린다.

어떤 심리학자들이 정신증 개념에 이의를 제기했다. 그 심리학자들은 내부 목소리나 독백 같은 증상은 '정상'이라고 여겨지는 상황에서도 상당히 일반적이라고 주장한다. 따라서 그런 증상이 장애로 인한 것인지는 개인이나 임상 의사 양측의 해석에 맡기자고 제안한다.

정신증과 연관된 증상의 치료법은 상당히 분명한데, 주로 약물요법이다. 약물은 효과적이기는 하지만 심각한 부작용을 야기할 수 있다. 조기에 치료를 시작하면 훨씬 좋은 결과를 기대할 수 있다.

환각을 경험한다고 해서 언제나 정신증 환자인 것은 아니다. 반수면 상태에서 경험하는 환각은 정상적이고 일반적이다.

망상의 에피소드

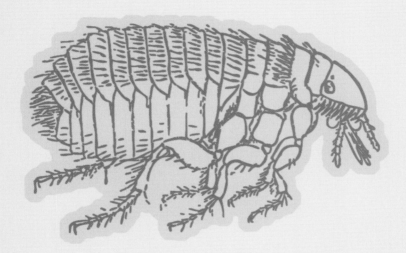

망상기생체 질환(Ekbom's syndrome)은 정신증의
한 유형으로 자기가 기생충에 감염되었다는
잘못된 믿음을 갖는 것이다.

정신증은 다양한 형태로 나타난다. 망상기생체 질환으로 고생하는 사람들은 망상이 너무 심한 나머지 실제 감염이 일어나지 않았다는 사실을 이해하지 못하고 따라서 자신의 심리 상태에 대한 치료를 거절한다.

9.4 성격장애

성격장애를 가진 사람들이 자기 성격이 문제라는 인식을 늘 갖는 것은 아니다. 그래서 치료하기가 어렵다.

만약 한 개인이 병리적인 성격 특질(8.3 참조)을 보이고 사회적으로 기능하지 못한다면 성격장애(PD; Personality Disorder)라는 진단을 받게 된다.

그러한 문제점이 오랫동안 지속적으로 나타나고 개인의 발달 단계나 환경을 고려할 때 일반적이지 않으며 신체적 부상이나 약물로 인한 것이 아닐 때 성격장애로 확정된다. 특정 성격장애는 다양한 특성을 검사함으로써 확인할 수 있다. 예를 들어, 반사회성 성격장애는 여러 특성 중에서도 낮은 수준의 불안과 높은 수준의 적대감이라는 특징을 띤다. 반면에 경계성 성격장애로 고생하는 사람들은 두 가지 특성이 모두 높은 수준으로 나타난다.

성격장애의 전체적 유병률은 6~10% 정도이며, 일반적인 성격장애(분열형, 반사회성, 경계성, 히스테리성)의 유병률은 2~3% 정도다. 아동기 학대나 방임이 종종 연루되기는 하지만 성격장애의 원인을 명확히 밝힌 연구는 많지 않다. 성격장애 치료법과 관련한 논란이 많고 이는 앞으로 해결해나가야 할 부분이다. 성격장애는 만성적인 질환이며 치료가 쉽지 않기 때문이다. 그러나 일반적으로 사용되는 치료법은 상담을 통한 정신요법, 가족치료 및 집단치료다.

성격장애와 뚜렷이 구분되는 이른바 '정상' 성격이 있다는 사실에 모든 연구자가 동의하지는 않는다.

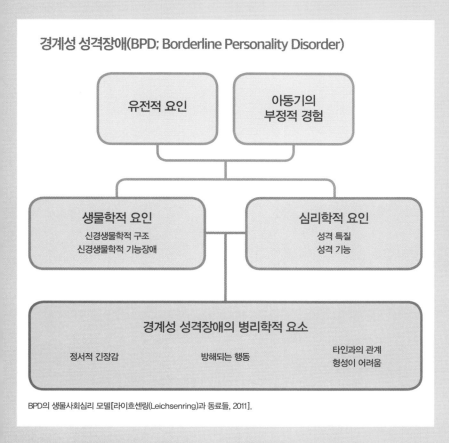

경계성 성격장애(BPD; Borderline Personality Disorder)

유전적 요인

아동기의
부정적 경험

생물학적 요인
신경생물학적 구조
신경생물학적 기능장애

심리학적 요인
성격 특질
성격 기능

경계성 성격장애의 병리학적 요소

정서적 긴장감

방해되는 행동

타인과의 관계
형성이 어려움

BPD의 생물사회심리 모델[라이흐센링(Leichsenring)과 동료들, 2011].

이 모델은 경계성 성격장애가 생물학적 요인 및 심리적 특성과 상호작용하는 유전적 요인 및 어린 시절의 환경적 요인의 결합에 영향을 받는다고 주장한다. 그 결과, 행동할 때 다양한 증상이 표출된다.

9.5 퇴행성 장애

뇌의 장애는 신경 수준에서의 점진적 퇴행으로 인해 나타나기도 한다. 인지적 퇴행 때문에 많이 발생하며 노화와 함께 나타나기도 한다.

퇴행성 장애에는 치매, 파킨슨병, 다발성 경화증(MS; Multiple Sclerosis)이 있다. 다음은 가장 흔한 예다.

■ 치매는 나이와 연관된 인지 저하를 가리키는 포괄적 개념이다. 65세 이상에서는 유병률이 약 7%며, 85세 이상에서는 30%다. 알츠하이머병은 가장 흔한 유형으로 신경 계통과 화학적 이상으로 인한 세포들의 죽음이 발병 원인으로 보인다. 주로 대뇌피질에 영향을 미친다. 지적 퇴행은 점진적으로 진행되며 기억, 언어, 집행 기능(5.5 참조) 그리고 성격에 영향을 미친다.

■ 파킨슨병은 신경계의 진행성 질환으로, 기저핵에서 먼저 시작된다(2.2 참조). 주로 움직임에 영향을 미친다. 보통 50세 이상에서 주로 나타나며 발병은 500명당 한 명가량으로 추정된다. 여성보다 남성의 발병률이 좀 더 높다. 전형적인 증상은 운동과 관련한 떨림, 경직, 느림이다. 약 70%가 치매와 인지 기능 저하를 경험한다.

■ 다발성 경화증은 뇌와 척수에 있는 뉴런을 감싸주는 미엘린 수초(myelin sheath)가 점진적으로 줄어드는 것이다. 유병률은 500명당 한 명 미만이며, 20~40세에 시작된다. 여성과 백인에게서 더 많이 나타난다. 운동과 지각, 인지 그리고 감정적 기능에 영향을 미친다. 기대수명을 줄인다.

권투 선수 무하마드 알리는 40대에 파킨슨병에 걸렸는데 반복적 뇌진탕을 겪은 탓으로 추정된다.

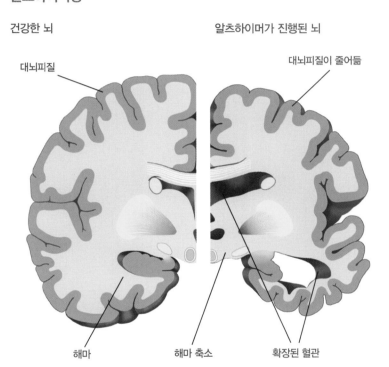

알츠하이머병

건강한 뇌

대뇌피질

해마

알츠하이머가 진행된 뇌

대뇌피질이 줄어듦

해마 축소

확장된 혈관

건강한 뇌와 알츠하이머가 상당히 진행된 뇌를 비교해보면 뇌 세포의 엄
청난 소실이 뇌의 크기에 미치는 영향을 알 수 있다.

9.6 일반지적장애

낮은 IQ는 대중교통 이용과 같은 기본적 생존 기술을 익히는 능력에도 큰 영향을 미친다.

일반지적장애의 기준은 IQ검사로 측정된 일반지능(8.4 참조)이다. IQ가 130 이상이거나 75 이하인 사람들은 모두 예외적인 경우다. 전자는 특출한 능력을 가진 것으로, 후자는 지적장애가 있는 것으로 여겨진다. 양쪽 집단 모두 인구의 3% 정도를 각각 차지한다.

일반적으로 낮은 IQ 범주에 속하는 개인들은 다음 세 영역에서 문제를 보인다.

■ 인지적 영역: 학습, 기억, 추론과 언어에 영향을 받는다.

■ 사회적 영역: 상호작용 기술이 부족하고, 사회규칙을 배우는 데 어려움을 겪으며 사회적으로 어리숙하다.

■ 실제적 영역: 신변 처리나 대중교통 이용, 돈이나 전화기 사용, 직장에 근무 같은 기본적인 삶의 기술을 터득하는 데 영향을 받는다.

일반지적장애의 원인은 많고 다양하다. 유전적 이상, 태아 내 알코올 농도 수준과 같은 태내 요인, 출산 전후의 감염이나 부상 등 어떤 것이든 원인이 될 수 있다. 장애 정도가 심각할수록 그 원인도 더 구체적으로 드러나고 원인들 간의 관련성도 더 분명해진다.

일반지적장애는 상태의 심각성에 따라 지원 수준을 달리해야 한다.

지적장애가 있는 사람들에 대한 고대의 태도는 때로는 열려 있었고 (켈트족과 유대인들) 때로는 편협했다 (로마인들과 그리스 사람들).

일반지적장애의 기능 분류

장애 정도	기능 수준
가벼운 정도의 장애 IQ: 50~70 정신 연령: 9~12세	장애가 분명하게 드러나지 않으며, 어느 정도 교육적 성취가 가능하고, 일반적으로 독립적 생활을 할 수 있으며, 육체노동이 요구되는 직업을 유지할 수 있다.
중간 정도의 장애 IQ: 35~50 미만 정신 연령: 6~9세 미만	관리 감독 아래 스스로를 돌볼 수 있으며 간단한 반복적인 일을 처리할 수 있다. 길을 찾거나 재정 관리와 관련해서는 도움을 필요로 한다. 일반적으로 혼자 살기는 어려워 부모님이나 관리 감독과 도움 제공이 가능한 요양 시설에서 생활한다.
심한 정도의 장애/ 아주 심한 정도의 장애 IQ: 35 미만 정신 연령: 6세 미만	혼자서는 생활이 어렵고 지속적인 도움과 함께 상당히 구조화된 삶이 필요하지만 어느 정도는 자신을 돌볼 수 있고 언어 능력은 없거나 아주 미약하며 심각한 경우에는 신체적 장애가 함께 발생하는 비율이 높고 스스로 움직일 수 없다.

일반지적장애의 경우 인지적·사회적·실제적 영역에서는 그 손상 정도가 장애의 심각성 수준에 따라 다르다. 지적장애는 가벼운 정도, 중간 정도, 심한 정도/아주 심한 정도로 구분한다.*

* 우리나라의 지적장애등급은 가벼운 정도는 3급, 중간 정도는 2급, 심하거나/아주 심한 정도의 장애는 1급에 해당한다.

9.7 특정학습장애

읽기나 암산 등을 요하는
과목을 배우는 데 필요한
몇몇 특정 기능과 관련된
장애도 있다.

일반지적장애(9.6 참조)와 달리 특정학습장애(SLDs; Specific Learning Difficulties)는 범위가 제한적이다.

■ 난독증(dyslexia)은 글자나 단어를 읽는 데 특정한 어려움을 겪는
다. 다른 인지 기능은 이에 따른 영향을 그리 크게 받지 않는다.

■ 난산증(dyscalculia)은 수학과 관련된다. 수학 기호와 관련된 지식
과 이러한 기호를 사용하는 조작에 영향을 미친다.

특정학습장애로 인한 손상은 다양하게 나타나며 그 원인도 다양
한 것으로 보인다. 이러한 생각은 여러 가지 관찰을 통해 지지된다.
예를 들어 난독증이 있는 사람들은 손상된 작동 기억을 가지고 있
으며 종종 몹시 체계적이지 못하며 약속을 기억하는 데도 어려움
을 겪는다. 게다가 특정학습장애는 종종 주의력결핍 과잉행동장애
(ADHD, 9.8 참조) 같은 다른 장애와 '공병 형태(comorbid)'로 나타난
다. 말하자면, 수학과 같은 가장 어려운 문제가 (그 문제 하나만이 아니
라) 주변의 다른 문제들과 얽힌 것처럼 보이는 상황과 같다.

따라서 특정학습장애를 치료하기 위한 연구나 임상치료는 개인의
일반적 능력과 특정 장애 간의 차이보다는 장애의 다양한 구성 요
소의 본질을 밝히는 데 점차 주안점을 두고 있다.

**특정학습장애는 여성보다는
남성에게서 더 많이 나타난다.
가족 내에서 발생하는 비율이
상당히 높아 유전적 요인이
관련됨을 알 수 있다.**

공병(comorbidity)

공병은 예외가 없는
법칙이다[길거(Gilger)와
카플란(Kaplan), 2001].

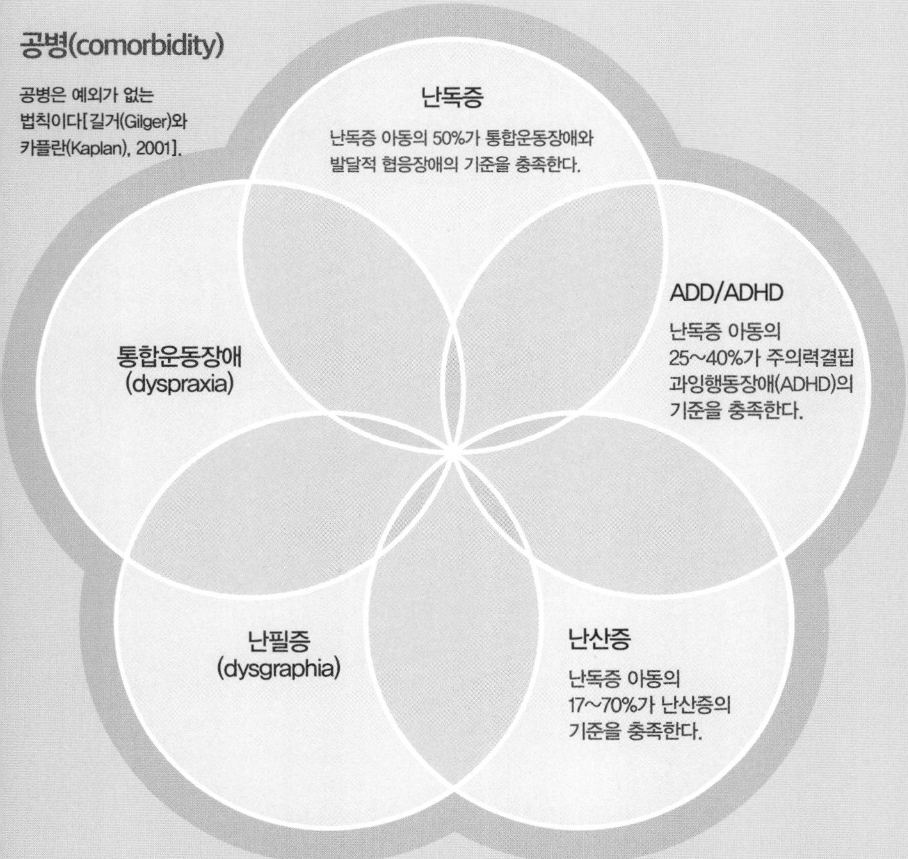

난독증

난독증 아동의 50%가 통합운동장애와
발달적 협응장애의 기준을 충족한다.

ADD/ADHD

난독증 아동의
25~40%가 주의력결핍
과잉행동장애(ADHD)의
기준을 충족한다.

통합운동장애
(dyspraxia)

난필증
(dysgraphia)

난산증

난독증 아동의
17~70%가 난산증의
기준을 충족한다.

위 도식은 특정학습장애의 공병, 즉 개인이 하나 혹은 둘 이상의 장애로
인해 어려움을 겪는 상태를 묘사한다. 중복 유병률에 대한 추정은 연구
마다 다르며, 위에 현재의 추정치를 일부 제시했다.

9.8 주의력결핍 과잉행동장애

높은 수준의 부주의와 과잉행동을 보이는 아이라면 주의력결핍 과잉행동장애일 가능성이 있다.

주의력결핍 과잉행동장애(ADHD; Attention Deficit Hyperactivity Disorder)는 부주의와 과잉행동으로 인해 발달이 다음과 같은 방식으로 방해를 받을 때 진단된다.

■ 부주의란 산만하고 잘 잊어버리며, 세부 사항에 집중하거나 과제 및 활동을 조직하는 데 필요한 주의를 지속하는 데 어려움을 보이는 증상 등을 말한다.

■ 과잉행동은 계속 꼼지락거리거나 갑자기 자리를 벗어나고 지나치게 말을 많이 하며, 방해를 일삼고 끊임없이 무언가를 하고 있는 것이다.

12세 이전에 제반 증상이 나타나면 ADHD로 진단받게 된다. ADHD의 유병률은 약 3~7%로 추정된다. 유전적 요인 때문에 발생한다는 증거도 있다.

ADHD를 위한 행동 치료에는 긍정적 행동은 강화하고 부정적 행동은 강화하지 않는 것이 있다(6.2 참조). 약물 치료에 주로 사용되는 두 가지 약물은 리탈린(Ritalin)과 덱세드린(Dexedrine)이다. 이 약물들은 각성제지만 외부 자극에 대한 필요성을 줄이는 작용을 함으로써 환자를 안정시킨다. 증거에 따르면 이 약물들은 상대적으로 안전하다. 약물을 통해 ADHD가 있는 아동들의 신경 기능을 '정상적인' 아동들과 맞춘다. 그러나 진단 기준에 부합되지 않는 아동들에게까지 약물이 정기적으로 처방된다는 우려가 제기되고 있다.

주의력결핍 과잉행동장애는 여성보다 남성에게서 더 많이 나타난다.

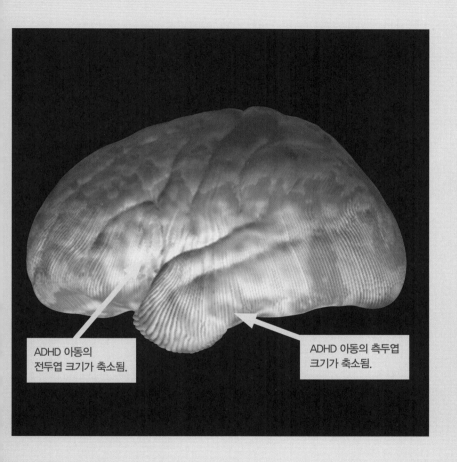

ADHD 아동의
전두엽 크기가 축소됨.

ADHD 아동의 측두엽
크기가 축소됨.

색상으로 표시된 뇌의 좌반구 형상을 통해 주의력장애를 가진 아동의 뇌가
그렇지 않은 아이에 비해 더 작은 것(붉은색과 노란색)을 확인할 수 있다.

9.9 자폐증

자폐증이 있는 개인은 사회적
상호작용에서 어려움을
느낀다. 또한 그들은 언어
능력이 낮고 반복행동을
보이기도 한다.

일반적으로 **자폐증**이 처음 의심되는 것은 아동의 나이가 6개월에서 3세일 때이며 1,000명당 한두 명의 아동에게서 발견된다. 다양한 방식으로 증상이 나타나고 심각성도 점차 높아진다. 주로 다음 세 가지 면에서 우려를 낳는다.

첫째, 자폐증을 가진 사람들은 사회적 상호작용에 어려움을 겪는다. 둘째, 다른 사람들의 생각이나 감정 그리고 행동의 원인에 대한 이해와 직관이 부족하다. 셋째, 자폐증을 가진 사람들의 30~50% 정도는 일상생활에서 자연스럽게 언어 구사를 하는 데 필요한 기술이 부족하다. 반복행동을 포함해 자폐증을 가진 사람들이 보이는 특성은 다음과 같다.

■ 상동(Stereotypy): 반복적인 손 펄럭임과 몸 흔들기.
■ 물건들을 특정한 방식으로 반복해서 정리.
■ 의례적 행동에 몰두.
■ 제한된 범위의 행동과 자해에 집중.

자폐증이 있는 개인의 0.5~10%는 서번트 기술(savant skills), 곧 지각이나 주의와 같은 영역에서 탁월한 능력을 보였다(5.1과 5.6 참조).

치료는 관리의 형식을 취하며, 일상적 상황을 관리할 수 있는 전략 개발과 특정한 기술상의 부족함을 극복하는 훈련, 일상적 스트레스 요인의 영향을 줄이는 것 등이 있다.

자폐증에 MMR 백신(이하선염·홍역·풍진 혼합백신)이 관련이 있다는 잘못된 주장은 지난 100년을 통틀어 가장 큰 해악을 끼친 조작으로 나타났다.*

---

* 1998년 영국의 의사 웨이크필드가 MMR 백신이 자폐증을 일으킬 수 있다는 연구결과를 발표한 후 영국과 미국 등에서 많은 부모가 자녀의 MMR 백신 접종을 거부했다. 그 후 10년간 두 나라에서 홍역 발병률이 높아지고 그로 인해 사망하는 어린이도 많아졌다.

자폐증과 관련된 뇌의 주요 부분

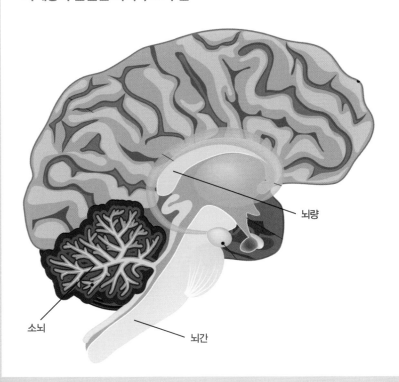

뇌량

소뇌

뇌간

다른 심리장애와 마찬가지로 자폐증도 뇌의 상당히 많은 영역과 관련되는 듯하다.

9.10 조현병

조현병은 개인의 사회적 기능이나 직업적 기능을 곧잘 방해할 수 있다.

조현병은 정신장애로 망상, 환각, 혼란스러운 언어와 행동 등 다양한 증상을 특징으로 한다. 주요 증상 중 최소한 두 가지 이상이 6개월 이상 나타날 때 진단이 내려진다. 개인에게 조현병이 발병할 가능성은 1% 정도다.

주로 발병하는 시점은 청소년기 후반기에서 초기 성인기다. 조현병에 걸릴 가능성이 높은 것과 관련되는 유전자 표식이 연구에 의해 밝혀졌다. 조현병에 걸린 사람과 혈연관계가 있다면 그 역시 위험 요인이다. 조현병에 걸린 사람들은 그렇지 않은 사람들과 비유전적 신경학 측면에서 차이가 나기도 한다. 예를 들어 신경전달물질의 생산 및 흡수에서 차이가 날 수 있다. 생물학적 요인과 환경적 스트레스 간의 상호작용을 원인으로 제시하는 증거들도 있다.

치료는 주로 항정신성 약물 위주로 이루어진다. 이 약물은 많은 경우 효과를 보이지만 부작용도 복합적으로 나타난다. 약물요법은 심리 치료와 결합해 사용할 수 있다.

치료의 결과는 다양하다. 환자의 20%는 장애와 관련된 사건을 단 한 번만 분명하게 겪었고, 33%는 관련 사건을 여러 번 겪었지만 일반적으로 증상이 호전되었으며, 약 10%는 조현병 진단 이전의 기능 수준에 이르지 못했다(곧 아무런 효과가 없었다).

조현병 증상이 일정한 경우는 거의 없다. 오히려 이 증상은 파도치듯이 좀 더 심해지거나 좀 덜하거나 한다.

조현병은 영화를 비롯한 여러 매체에서 종종 좋지 않게 묘사된다. 하지만 이를테면 다중인격 같은 것은 조현병을 규정하는 특성이 아니다. 조현병은 고독한 경험일 수 있다. 종종 혼란스럽고 무서운 세상이라는 왜곡된 그림을 그려 보이기 때문이다.

심리학의 응용

10

심 리학은 본질적으로 응용 학문이다. 아주 초기부터 현장 전문가들은 심리학을 통해 얻게 된 통찰력을 놀라울 만큼 다양한 방식으로 사용했다. 정신건강 분야에서 사람들의 삶을 증진시키려는 시도가 있었고, 조직이 더 효율적으로 기능하도록 만드는 것과 더 공정한 절차를 만드는 데 심리학이 쓰였다.

개입의 범위가 좁아질 때도 있다. 예를 들어 심리학자는 직무에 알맞은 직원 채용 방식을 새로이 제안할 수도 있을 것이다. 또 어떤 경우에는, 학교를 인종별로 분리하는 안건과 같은 공공 정책에 심리학자가 영향을 주는 등 역사적으로 중요한 개입을 할 수도 있다.

열 가지 주제만으로는 심리학이 적용되어온 활동 분야를 도저히 다 아우를 수 없다. 다만 이 장에서는 그중 몇 가지 곧 정신건강(상담, 임상심리학, 아동에 대한 평가와 개입), 조직심리학(인사 선발과 지도력), 법적 제도(배심원의 의사결정과 목격자의 기억), 그리고 좀 더 넓은 사회 문제와 관련된 것

[접촉이론(contact theory)과 소수의 영향] 등을 소개한다.

이 장에서 다루는 영역 외에도 인간 기능(human functioning)의 거의 모든 측면이 어떤 방식으로든 심리학에 영향을 받아왔다. 다음은 그 몇 가지 예다.

- 심리학자들은 인간과 컴퓨터시스템 간의 상호작용에서 발생하는 문제를 해결하고 비행기 조종석에 심리적 인간공학을 적용하는 데 기여했다.

- 환경심리학자들은 범죄를 최소화하는 주택단지 구성에 관여한다.

- 교육심리학자들은 교실 안에서 효과적으로 가르치는 방법을 개발했다.

이는 심리학적 개입 및 지침이 중요한 역할을 맡고 있는 수많은 방식 가운데 그저 몇 가지에 불과하다.

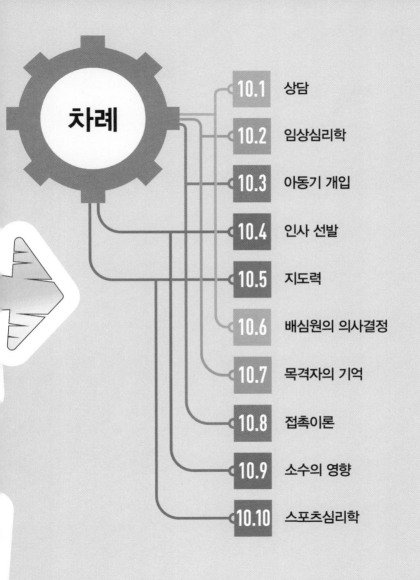

10.1 상담

일대일 상담은 다양한 심리적 문제에 대한 효과적 치료다.

상담은 전문상담사와 내담자 간의 직업적(professional) 관계를 수반한다. 상담사는 아래 제시한 범주에 포함되는 다양한 심리적 문제에 대해 도움을 제공한다.

■ 사별, 불안, 관계 문제 등 많은 사람이 일반적으로 직면하는 문제.

■ 충격적 사건에 대한 대처 또는 중독과 같이 보다 드물게 겪는 문제.

■ 상당히 개인적인 문제로, 독특한 성적 집착과 관련한 문제 등이 그 예다.

상담사는 사용 가능한 여러 이론적 틀 중 하나 혹은 그 이상을 기반으로 상담한다. 상담 과정은 접근법에 따라 다양하다. 인지행동 접근은 잘못된 사고 패턴을 파악한 후 이를 현실과 대비해 검증해보고 그것에 대해 문제를 제기할 방법을 찾는다. 반면(인지적 측면보다는) 심리적 역동을 기반으로 하는 상담사는 자유연상을 사용하고 꿈에 대해 이야기를 나누며 내담자가 긴장을 느끼는 영역을 찾고자 할 것이다. 이런 방법은 서로 관련이 없어 보이는 심리적 문제들로 표출된 무의식적 갈등을 탐색하는 데 도움을 줄 수 있다.

어떤 추정치에 따르면 영국 국민의 28%가 상담사나 심리치료사와 상담한 적이 있다고 한다.

대부분의 상담이 일대일 형태로 진행되기는 하지만, 집단 상담도 결과는 비슷하다. 만병통치약처럼 모든 것을 해결할 수 있는 접근법이란 없으며 경험적 연구 결과 가장 효과적이라고 단정적으로 말할 만한 접근법도 나오지 않았다. 어떤 접근법이 가장 적합한지는 결국 내담자 간의 차이에서 결정난다.

상담에 필요한 것은?

변화시키기
상담사는 현재 상황을 어떻게
변화시킬 수 있을지 조언한다.

비밀 보장
내담자와 상담사 간에
이루어진 대화는
비밀 보장이 절대적이다.

편견 배제
상담사는 판단을 하기 위해
그 자리에 있는 것이 아니다.

평가
상담사는 구체적 욕구를 분석하고
이를 부각시킨다.

이해
상담은 내담자가 자기 상황을
이해하도록 돕는다.

경청
상담사가 그 자리에 있는
가장 중요한 이유 중 하나는
듣기 위함이다.

상담은 말로 하는 치료를 기반으로 한다. 일대일 치료가 가장 일반적이지만
집단이나 커플 또는 가족이 상담 시간에 동참하기도 한다.

10.2 임상심리학

임상심리학자들은 정신건강 장애를 평가할 때 전문가 진단 도구를 사용할 수 있다.

임상심리학자는 대형 건강기관에서도 일하고 상담사와 마찬가지로 개인 치료를 맡기도 한다. 상담사와 동일한 문제를 다루기도 하지만(10.1 참조), 임상심리학자는 신경학적 외상, 극심한 섭식장애, 범죄자 재활 같은 보다 심각한 문제를 다룬다. 임상심리학자는 또한 전문가 증인 역할을 맡아야 하는 경우도 비교적 많다.

상담과 임상심리학의 주요한 차이는 자격 요건에 있다. 상담은 종종 공식적 자격보다는 경험에 근거한다. 반면에 임상심리학자는 공식적으로 박사 과정 수준의 수련을 거쳐야 한다. 연구 기법과 논문을 발표하는 것 등이 여기 포함된다. 그들은 집행 기능 평가 등과 같은 전문가 진단 도구를 사용할 수 있으며 그에 관한 전문지식을 갖고 있다(5.5 참조).

약을 처방할 수 있는 면허는 없지만 임상심리학자는 약물 치료를 고려할 수 있다. 심리 치료를 시작하기 전에 내담자가 안정을 취할 수 있게 불안감을 줄이거나 수면 문제를 조절하려는 경우가 이에 해당한다. 그러나 임상심리학자들은 언어를 사용한 치료를 기반으로 하며 약물 치료는 정신과 의사보다는 훨씬 덜 사용한다. 정신과 의사는 정신건강 문제를 다룰 때 좀 더 질병이라는 전제에 기초한 접근을 택한다.

임상심리학자는 자신이 선택한 주제 영역에서 새로 무언가를 발견했을 경우 그 내용을 적시한 논문을 작성해야 한다.

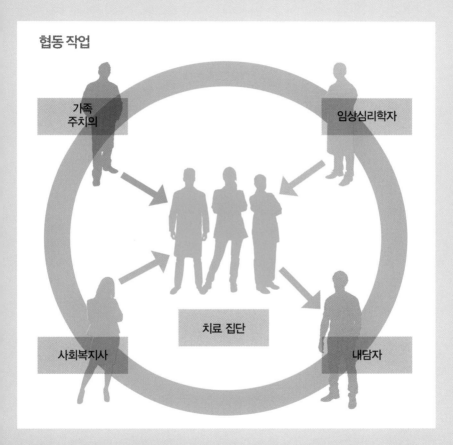

협동 작업

가족
주치의

임상심리학자

사회복지사

치료 집단

내담자

임상심리학자들은 종종 다학문적 집단(multidisciplinary teams)에서 의사와 교사 그리고 사회복지사와 함께 일할 수 있다. 내담자들은 또한 이 사람들과 일대일로 만나기도 한다.

10.3 아동기 개입

어떤 아이들은 발달의 한 영역이나 여러 영역에 걸쳐 약간의 도움을 필요로 하기도 한다.

아동의 지적장애에 관한 교육적 평가는 IQ 점수(8.4 참조)와 특정 기술의 조합에 근거한다. 다음 세 가지의 일반적 영역에 관심을 가져야 한다.

■ 개념적 영역: 언어, 읽기, 쓰기, 수학, 논리.

■ 사회적 영역: 공감, 사회적 판단, 대인 의사소통과 교우관계 관리.

■ 실천적 영역: 일상적 활동 관리.

장애는 기능의 어느 한 영역만 손상된, 특정학습장애(난독증)로 나타날 수 있다. 또는 내면화된 장애의 결과(불안/우울증)일 수도 있다. 주의력결핍 같은 외면화된 장애로부터 기인할 수도 있다.

장애에는 자폐증이나 아스퍼거증후군과 같이 언어 및 의사소통과 관련된 문제도 있다. 감각이나 신체적 어려움을 동반하는 장애(청각/운동 조절)도 물론 포함된다.

개입(intervention) 방법은 진단에 따라 다양하며 개별 아동에 맞춰진다. 개입에는 일반적으로 특정한 목표와 방법(235쪽 참조)을 명시한 활동 계획이 포함된다. 개입의 정도도 다양하다. 어떤 방법을 사용하든 아동의 흥미와 안전 그리고 아동이 주변 사람들에게 미치는 영향이 가장 중요하다.

《정신장애의 진단 및 통계 편람》 5판에서야 비로소 '정신지체'가 '지적장애'로 대체되었다.

활동 계획안 예시(영국의 경우)

목표 행동	성공 기준	전략과 지원	아동의 진척 사항
다른 사람들과 나눠 쓰기	자유놀이 시간 동안 좋아하는 장난감을 함께 가지고 놀기	교사와 형제자매 그리고 친구들과 역할놀이 하기, 긍정적 강화 계획 (스티커 도표)	큰 진척: 놀이시간에 잠깐 좋아하는 장난감을 함께 가지고 놀았음, 스티커 9개를 보상으로 받음
다른 사람들과 상호작용할 때 신체적 경계를 인식하기	대상 아동과 다른 아동들 간의 몸싸움으로 인한 교사의 개입이 발생하지 않는 것	상호작용 책 시리즈를 사용해 행동에 담긴 사회적 의미를 탐색하기 어렵고/혼동되는 상호작용에 대한 역할놀이	역할놀이는 괜찮았으나 원하지 않는 포옹으로 인해 다른 아동들과 싸움, 모호한 상황에 대한 인식과 관련이 있는 듯 보임

위의 개별적 활동 계획안은 사회적 상호작용에 어려움을 겪는 아동을 위해 작성되었다. 계획안은 시간적 제약과 점검방식도 고려한다. 계획안에는 몇 가지 개선되어야 할 행동이 명시되고 구체적 전략의 개요가 담겨 있으며 성과 기록을 남기는 여백도 있다.

10.4 인사 선발

지금 하는 일이 당신에게
잘 맞는가? 그걸 알아보려면
성격 검사를 해야 할 수도
있다.

인사 선발이 처음으로 거론된 것은 제1차 세계대전 중으로, 역할이
점점 더 다양해지면서 요구하는 기술의 조합도 달라졌다.

오늘날 인사 담당자들은 업무에 맞는 사람을 찾고자 다양한 방법을
사용한다. 설문지나 면접 혹은 업무와 관련된 평가가 있다. 만일 정
신적 능력을 측정하는 올바른 조합의 검사가 구조화된 면접 혹은
역할에 대한 모의실습과 함께 실시된다면 직원들의 미래 성과를 어
느 정도 예측할 수 있다.

마이어스-브리그스 성격유형 검사(MBTI; Myers-Briggs Type
Indicator)는 일터에서 사람들이 어떻게 기능할지를 측정하는 도구
로 유명하다. 16개의 조합 '유형'은 대부분의 상황에서 사람들이 선
호하는 행동이 무엇인지를 제시한다.

어떤 연구자들은 고용주들에게 지원자의 성격이 조직과 잘 맞
는지도 분명히 해야 한다고 주장한다. 여기에 주로 쓰이는 척도
가 '경험에 대한 개방성, 성실성, 외향성, 친화성 그리고 신경성
(OCEAN; Openness to experience, Conscientiousness, Agreeableness,
Extroversion and Neuroticism)'이다.

그러나 아무리 인기가 있다 해도 이러한 접근법은 단지 절반에 불
과한 이야기다. 어떤 이들은 직업과 개인의 조합을 정확히 최상으
로 만들려면 지원자들 역시 자신들이 지원하는 조직에 대해 잘 알
수 있어야 한다고 말한다.

**MBTI는 직무 요구가
높은 상황에서 사람들이
어떻게 행동할지를 예측한다.**

한 눈으로 보는 MBTI

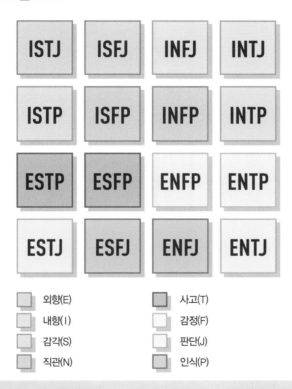

ISTJ	ISFJ	INFJ	INTJ
ISTP	ISFP	INFP	INTP
ESTP	ESFP	ENFP	ENTP
ESTJ	ESFJ	ENFJ	ENTJ

외향(E)
내향(I)
감각(S)
직관(N)

사고(T)
감정(F)
판단(J)
인식(P)

MBTI는 질문에 대한 응답을 통해 위의 여덟 가지 특성에 대한 개인의 선호도를 확인한다. 그런 다음 개인의 성격에 대한 추후 분석을 통해 그중 어떤 특성 네 가지가 그들을 가장 잘 요약하는지를 평가한다. 다양한 조합을 통해 16개 성격유형이 만들어진다.

10.5 지도력

유능한 지도자의 자질은 무엇일까? 상황과 맥락에 따라 많이 달라진다.

지도력(leadership)에 관한 초기 기록들은 어떤 사람들은 위대한 지도자가 될 만한 특별한 특징을 갖추고 있었다고 가정했다. 이러한 특징이 무엇인지, 그것이 사람들을 휘어잡는 매력인지, 외향성이나 또 다른 무엇인지를 **경험적으로**(empirically) 파악해보려 했다.

'단호함'과 같이 지도력의 특징이라고 여겨지는 특정한 행동에 초점을 맞추는 이론도 있었다. 어느 접근법도 좋은 지도자와 나쁜 지도자 사이의 차이점을 이해하려는 시도에서 엄청나게 성공적이지는 않았다.

지도력에 관한 대안적 이론은 상황적 요인에 주목했다. 이러한 접근법은 어떤 경우에는 과업 중심 지도력 유형이 효과적이지만 또 다른 경우에는 관계 중심 유형이 중요하다고 주장한다(239쪽 참조). 전자가 다른 사람의 업무 감독과 관계된다면, 후자는 다른 사람들의 대인관계 교류를 관리한다.

이와 유사하게, 이른바 거래적/변혁적(transactional/transformational) 접근법에서는 지도자가 추종자들이 필요로 하거나 원하는 것을 달성할 수 있도록 제안하는 정도로만 유능하다고 말한다.

새로운 지도자에게는 규칙을 깨뜨려도 괜찮을 정도의 기이한 신뢰가 주어진다. 얼마 동안은!

가장 최근에 등장한 사회정체성 접근법(4.10 참조)은 누가 좋은 지도자인가 하는 것은 맥락(예를 들어 전쟁 중인지 평화로운 때인지, 아니면 호황기인지 불경기인지)에 따라 달라진다는 견해를 내놓는다. 집단을 대표하면서 동시에 집단의 당면 목표를 충족시키는 것으로 보이는 사람들이 지도자로 받아들여질 가능성이 더 높다.

'지도력 상황' 모델

지도자-구성원 관계	좋음	좋음	좋음
과업의 구조화 정도	높음	높음	낮음
지위상의 권한	강함	약함	강함
상황 호감도	호감도 최고		
적합한 지도자 행동	과업 중심		

지도자-구성원 관계	좋음	나쁨	나쁨
과업의 구조화 정도	낮음	높음	높음
지위상의 권한	약함	강함	약함
상황 호감도	호감도 중간		
적합한 지도자 행동	관계 중심		

지도자-구성원 관계	나쁨	나쁨
과업의 구조화 정도	낮음	낮음
지위상의 권한	강함	약함
상황 호감도	호감도 최하	
적합한 지도자 행동	과업 중심	

피들러(Fiedler)의 상황적합이론(contingency theory)에서는 과업이나 사람들이 다르면 그에 따라 필요로 하는 상황통제의 수준도 다르며, 이는 과업 중심 행동(낮거나 높은 수준의 상황 통제) 또는 관계 중심 행동(중간 수준의 상황 통제)을 통해 가장 잘 충족된다고 주장한다.

10.6 배심원의 의사결정

배심원들에게도 편견이 있을까? 의도한 것은 아닐 테지만, 어떤 경우에는 그런 것 같다.

배심원단은 삶을 바꿀 수 있는 결정을 내린다. 그들도 다른 집단과 마찬가지로 편견과 호의를 내보인다. 심리학자들은 가짜 배심원들을 배석시킨 통제 상황에서 배심원들이 지닌 몇 가지 특징적 편견을 확인했다. 다음이 그 예다.

■ 배심원들은 자신들과 민족이나 종교 등에서 유사한 면이 있는 사람들에게 보다 관대한 경향이 있다.

■ 그들은 매력적인 사람이 무죄라는 판단을, 매력적이지 않은 사람이 무죄라는 판단보다 좀 더 자주 했다.

■ 배심원들은 동안(童顔)을 가진 성인의 경우 폭력 범죄보다는 방임죄를 저질렀다고 보는 경향이 많았다[베리, 제브로위츠−맥아서(Berry, Zebrowitz−McArthur), 1988)].

■ 배심원단 대표들(자원했으며, 백인이고 교육 수준이 높은 남성인 경우가 잦다)이 과도한 영향력을 갖는다. 그들은 말하는 시간의 35%를 사용하며 평결에 과도한 영향을 미친다.

재판 절차와 관련된 연구를 통해, 예상되는 편견을 줄이는 데 도움이 될 만한 몇 가지 사항이 밝혀졌다. 예를 들어, 심의 중 공개적으로 투표하는 것은 특정 구역에 잘못된 주류를 형성해 이를 다른 배심원들이 따를 수 있다(241쪽과 4.7 참조). 마찬가지로, 여섯 명 배심원 제도는 열두 명 배심원 제도에 비해 대표성이 떨어지는 것으로 보인다. 심의에도 덜 참여하고 기소율은 약간 더 높은 것으로 나타난다.

매력적인 사람은 유죄 판결도 덜 받을 뿐 아니라 소송에서 이길 가능성도 더 높다.

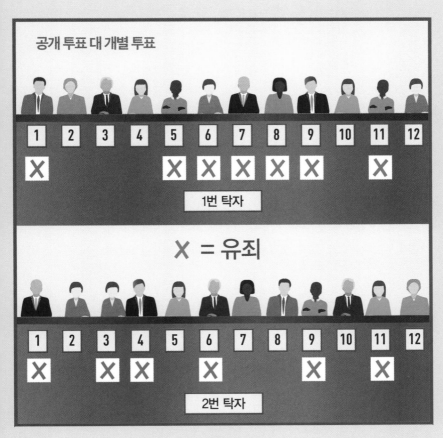

배심원들이 공개적으로 연속해서 투표한다면(1번 탁자) 우연히 소수 표가 특정 영역에서 밀집해 두드러져 보일 수 있다. 이것이 그들을 (사실과는 달리) 다수인 듯 보이게 만들고 다수에 동조하려는 경향이 작동해 전체 평결이 바뀔 수 있다. 그렇다면 해결책은? 비공개로, 동시에 투표하는 것이다(2번 탁자).

10.7 목격자의 기억

당신은 목격한 사고나 사건의 행적을 얼마나 정확히 기억할까?

목격자의 기억은 수사대와 배심원단에 증거로 제공되는데, 과연 그들의 기억은 정확할까? 유일리(Yuille)와 컷샬(Cutshall)의 선구적 연구(1986)에 따르면 목격담의 약 80%는 사실이라고 한다. 그러나 머리색이나 키, 몸무게, 나이 그리고 옷과 같이 중요하지만 세부적인 사항은 틀리는 경우가 많다고 한다.

정보가 수집되는 방식이 중요하다. 로프터스(Loftus)와 팔머(Palmer)의 연구(1974)는 교통사고 영상을 본 사람들과 면담한 사례를 보여준다. 영상 속의 차가 서로 '접촉했는지' 물었을 때와 '충돌했는지' 물었을 때 그들이 느낀 차의 속도가 51.2kph(31.8mph)에서 65.2kph(40.5mph)로 달라졌다. 차가 '충돌했는지' 물어본 경우, 실험 참가자들에게 영상에서 부서진 유리를 보았냐고 물으면 (실제로는 유리 조각이 없었지만) 깨진 유리를 보았다고 보고하는 경우가 더 많아졌다.

심리학자들은 목격자의 진술을 개선하고자 다양한 기법을 고안했다. 인지면담[가이즐맨(Geiselman), 1984]에서는 면담 대상자에게 상황을 명확히 진술하고, 모든 것을 보고하며(겉보기에는 상관없는 것 같은 정보를 포함해), 자유회상도 활용하고, 다른 사람의 관점에서 진술을 반복해보도록 권장한다. 이 기법의 강화된 모델에서는 면담자와 면담 대상자들 간에 친밀한 관계를 형성해 불안감을 낮추었다.

강화된 인지 면담(enhanced cognitive interviews)은 자유회상(free recall)에 비해 더 많은 정보를 제공하며 부정확한 전달은 줄여준다.

이러한 조치로 가능한 한 많은 양의 관련 기억이 최대한 활성화되도록 하고 그 기억들을 반복적으로 평가한다. 이를 통해 좀 더 정확성을 기하고자 한다.

오기억(false memory)

실제 사건 - 가벼운 접촉

오기억 사건 - 정면충돌

오기억 효과에 관한 연구에서는 질문의 내용이나 방식에서 일어난 작은 변화가 기억을 왜곡해 일어난 적 없는 일까지 기억해낸다는 것을 밝혔다.

10.8 접촉이론

상충하는 두 집단이 서로
협력해 일하는 것을 배우면
일반적 편견이 감소되며,
심지어 제거되기도 한다.

상충되는 집단 간의 접촉은 긴장을 고조시킬 수 있다. 하지만 이러한 '접촉'은 집단 간의 편견을 줄이는 가장 강력한 도구이기도 하다. 고든 올포트(Gordon Allport)의 접촉이론(contact theory, 1954)은 접촉을 통해 어떤 상황에서 집단 간의 불안을 줄일 수 있다고 주장한다. 그에 따르면 접촉은 유사성을 강조하고 고정관념을 줄여주기도 한다(4.3 참조). 올포트는 어떤 상황에서도 다음 네 가지 조건을 반드시 지켜야 한다고 주장한다.

■ 동등한 지위: 사회 내 각 집단의 지위는 곧잘 상이하지만, 특정 맥락 안에서 동등한 지위가 유지되는 한 이 조건은 충족된다.

■ 공동 목표: 공동의 목표를 만들어내는 활동은 유익하다. 이는 양쪽 집단에서 구성원들을 차출해 팀을 구성하는 운동 시합처럼 간단한 것일 수도 있다.

■ 집단 간 협동: 이는 양쪽 집단이 모두 존중을 받는 접촉이 가능한 기회를 제공한다.

■ 당국의 지원: 당국의 사회적 혹은 법적 지원을 받는 것이 매우 중요하다. 이는 사회적 규범을 바꿔주며 다른 조건들도 충족되도록 하는 데 도움이 된다.

다른 집단과 접촉하는 것을
단순히 상상만 해도
편견을 줄이는 데
어느 정도 효과적일 수 있다.

또 다른 다수의 연구에서는 최적의 접촉은 즉각적으로 일어나지 않을 것이라고 강조한다. 즉 빈번하고 장기적인 접촉에 달린 문제다. 만약 위의 네 가지 조건이 충족된다면 집단 간의 편견은 아무래도 줄어들 것이다.

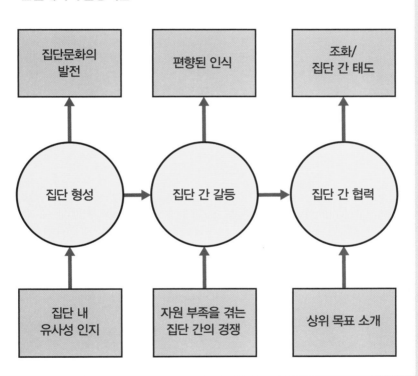

현실에서의 갈등이론

| 집단문화의 발전 | 편향된 인식 | 조화/ 집단 간 태도 |

집단 형성 → 집단 간 갈등 → 집단 간 협력

| 집단 내 유사성 인지 | 자원 부족을 겪는 집단 간의 경쟁 | 상위 목표 소개 |

무자퍼 셰리프의 도적들의 동굴 연구(Robbers cave study, 1961)를 여름캠프에 참여한 두 집단의 아이들에게 적용하고 도표로 그려보았다. 각 집단은 강한 집단정체성을 지녔으며 초기에는 자원을 둘러싼 경쟁을 하면서 편향된 인식이 생겼다. 수많은 협력적 과제를 수행하면서 갈등은 조화로 바뀌었다.

10.9 소수의 영향

알맞은 조건이 주어지면 소수 집단도 주류 집단에 영향력을 행사할 수 있다.

우리는 주류가 개인들로 하여금 자신들에게 동조하도록 만들 수 있음을 안다(4.7 참조). 우리는 집단의 믿음이나 행동이 고정된 것이 아니라는 사실 역시 알고 있다. 그렇다면 이런 점을 소수가 주류의 의견을 바꾸는 데 최대로 활용할 방법은 무엇인가?

사회과학자 세르주 모스코비치(Serge Moscovici)는 소수가 수동적으로 영향을 받기만 하는 것이 아니라 변화 역시 만들 수 있는 존재라고 주장했다(1969). 그는 소수를 유능하게 만들어주는 몇 가지 특성을 다음과 같은 실험에서 확인했다.

집단 구성원들이 다양한 색조의 초록색 슬라이드 색깔을 말해야 하는 과제에서 구성원들의 응답 정확도는 상당히 높아 거의 100%였다. 그런데 실험자 측에서 집어넣은 두 명의 꼭두각시가 몇 번 '파랑'이라고 응답하자 변화가 일어났다. 꼭두각시들의 대답이 일관적이지 않을 때는 다른 집단 구성원들의 정확도가 높게 유지되었다. 그러나 두 꼭두각시가 일관되게 '파랑'이라고 응답하자 집단의 정확도가 거의 10%로 떨어졌다. 모스코비치는 일관성이 소수가 채택해야 할 주요한 행동양식이라고 결론지었다. 그는 또한 소수는 공정하게 행동하는 것처럼 보이고, 자율성을 가지며, 과정에 충실하고, 융통성을 발휘할 필요가 있다고 밝혔다.

모스코비치의 발상은 소수가 영향력을 미처 성공하거나 실패한 역사적 사례를 이해하는 데 도움이 되었다.

흥미롭게도, 소수의 영향이 언제나 명쾌하게 인지되는 것은 아니다. 태도는 변화되었으나 그 변화의 원인은 잊혀 마치 자기 스스로 그 관점을 갖게 된 것처럼 믿게 만드는 현상이 있는데, 이를 일컬어 '사회적 잠복기억(social cryptoamnesia)'이라고 한다.

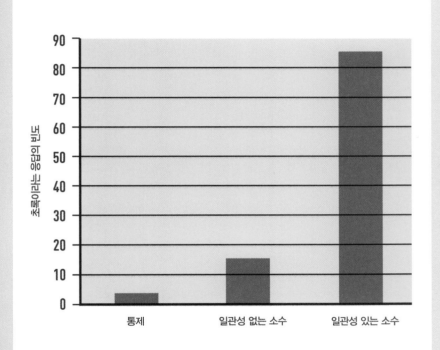

초록 혹은 파랑?

초록이라는 응답의 빈도

- 90
- 80
- 70
- 60
- 50
- 40
- 30
- 20
- 10
- 0

통제　일관성 없는 소수　일관성 있는 소수

세르주 모스코비치의 초록/파랑 실험과 애시의 선분 판단 과제(99쪽 참조)는 흥미로운 비교 대상이다. 그 실험에서 그러했듯 여기서도 사람들은 다른 사람들의 판단이 아주 분명히 잘못되었는데도 거기에 동조한다.

10.10 스포츠심리학

운동선수의 정신 상태는 그의 신체 상태만큼, 아니 어쩌면 훨씬 더 중요하다.

스포츠심리학은 인지심리학, 사회심리학, 개인 차이(8.1 참조)를 모두 아우른다. 생체역학과 신체운동학(인간의 움직임 연구)에도 의존한다.

실제 경기와 유사한 환경에서 훈련하는 방법도 있는데, 행동을 좀 더 확실히 몸에 익힘으로써 불안이나 흥분 같은 다른 요소들이 수행에 미치는 영향을 줄이는 것이다. 환경을 신체적으로 경험하는 것, 예를 들어 군중의 고함과 함께하는 훈련이나 시각화를 통한 훈련이 있다.

스포츠심리학자들은 감독들이 선수들의 내적 동기와 노력을 강화하는 훈련을 시키도록 지원하고자 그들에게도 상담을 제공한다. 또한 정신적 강인함을 강화시키는 연습을 개발하거나 또는 자신감 상실 후 회복에 도움이 되는 CBT 타입 기법을 사용한다.

스포츠심리학의 범위에 속하는 다른 영역으로는 스포츠의 대중적 저변을 확대하거나 팀 내의 역동성을 더 잘 이해하거나 선수들의 부상 회복을 돕는 것 등이 포함된다.

스포츠심리학은 심리적 훈련 체제(training regimes)의 뿌리를, 고대 그리스의 운동선수들에게서 찾는다.

높은 수준의 운동 기술로 서로 경쟁하는 사람들에게 동기와 불안 관리가 도움이 된다는 것은 두말할 나위가 없다. 그들은 또한 경기의 흐름에 대한 감각을 최대화하고 행동 변화를 최소화하고자 한다. 많은 경우 스포츠심리학자들은 우승에 필요한 독특한 무언가 (the edge)를 제공할 수 있다.

계획안 개발

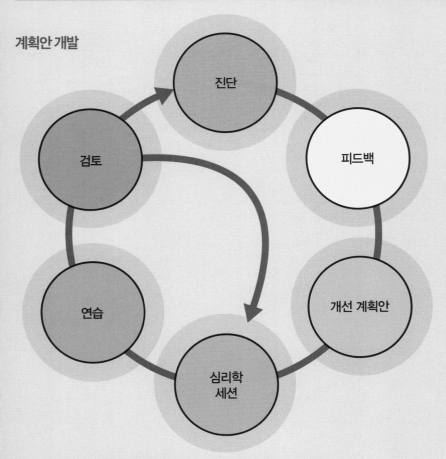

당신이 몇 달 혹은 몇 년 동안 해온 훈련이 최고의 성과를 내는 데 영향력을 발휘할 단 한 번의 기회가 주어진다면, 지금까지 어떤 심리학적 준비를 해왔느냐가 그 성공과 실패를 가를 것이다.

용어 설명

게슈탈트(gestalt)
'게슈탈트'는 전체 혹은 형태라는 의미를 가진 독일어로, 게슈탈트 심리학은 마음의 작동을 개별적 구성 요소와 뚜렷이 구분되는 통합적 전체로 이해하는 접근법이다.

경험적(empirical) 접근법
경험과 관찰 그리고 실험에 기초한 이해를 통해 지식을 탐구하는 접근법이다. 경험적 증거를 설명하는 이론을 세우고 예측을 반박하는 증거가 나타나면 그 이론은 성립하지 않는다.

공병(comorbid)
하나의 심리적·의학적 상태는 종종 다른 상태와 함께 일어난다. 공병 관계에 있는 상태는 각각 발생할 수도 있으며, X와 Y 간의 공병률은 Y와 X 간의 공병률과 다를 수 있다. 예를 들어, X라는 장애는 거의 언제나 Y라는 장애를 동반하지만 Y라는 장애는 종종 X라는 장애 없이 별도로 나타날 수 있다.

뉴런(neuron)
뇌와 더 넓은 신경계에서 발견되는 세포로, 전기적 신호 및 화학적 신호를 받아들이고 처리하며 시냅스로 알려진 연결을 통해 이를 다른 뉴런들에 전달한다. 인간의 뇌에는 86억 개의 뉴런이 있는 것으로 알려졌다.

모듈성(modularity)
마음이 독립된 모듈들로 구성되어 있으며, 각각 분명한 자기 역할을 수행하고자 어느 정도는 독립적으로 발전해왔다는 개념이다. 이는 신체적인 것(뇌의 특정 영역과 말하기의 연관성)일 수도 있고 기능적인 것(단기 기억)일 수도 있다.

법칙정립적(nomothetic)
대규모 집단의 행동이나 좀 더 일반화된 규준을 참조해 개인을 이해하는 심리학적 접근법이다. 예를 들어 개인의 외향성 수준을 이해할 때 해당 설문지의 모평균과 비교하는 식이다.

생물심리학(biopsychology)
신체에 대한 생물학적 배경을 가지고 심리학의 주제에 접근하는 학문 분야로 신경생리학과 호르몬의 기능 그리고 유전적 특성 등을 다룬다.

신경전달물질(neurotransmitters)
우리 몸에는 뉴런들 사이에서 신호를 전달하는 수십 가지 화학물질이 있다. 이들은 근육과 샘 세포(gland cells)를 비롯해 유기체의 여러 기능에 영향을 미친다.

운동 조절(motor control)
중추신경계(central nervous system)가 의식적 그리고 무의식적 기제를 통해 근육과 신체의 움직임을 전체적으로 제어하고 조정하는 방법이다.

인지(cognition)

정보를 처리하는 행위. 이 용어는 주로 추론, 기억, 문제 해결, 의사결정이나 언어 사용 같은 '상위의' 사고 과정과 관련된 정신적 능력을 지칭할 때 쓰인다.

인지행동 치료(CBT; Cognitive Behavioural Therapy)

언어를 기반으로 사람들이 자신의 잘못된 믿음을 확인하고 인지 과정의 양상을 수정함으로써 행동을 변화시킬 수 있도록 돕는 심리 치료법으로 그 효과를 인정받고 있다. CBT는 불안(그리고 더 심각한 정신건강 문제)과 같은 장애를 치료하는 데 사용될 수 있다.

증후군(syndrome)

함께 나타나는 일군의 증상으로 어떤 공통된 질환이나 장애의 징후일 수 있다.

행동주의(behaviourism)

자극과 행동에 대한 반응으로 주어지는 보상과 처벌의 조합을 통해 행동이 학습된다고 가정하는 심리학의 한 접근법이다. 이 접근법은 어떤 행동에서 정보 처리의 역할을 중시하지 않는다('인지' 참조).

휴리스틱(heuristic)

사고 과정에서 정신적 노력을 절약할 수 있는 인지적 지름길이지만 정확성이 떨어질 수 있다. 예컨대 신뢰할 만한 명사에게서 나온 정보라면 정확하다고 믿는 식이다. 사람들은 큰 압박감을 느끼거나 정확성에 대한 동기부여가 되지 않을 때 종종 휴리스틱에 의존한다.

찾아보기

감사의 말

우리 저자들은 제3장 생애심리학을 저술해준 엘리자베스 J. 뉴턴(Elizabeth J. Newton)에게 감사의 마음을 전합니다. 또한 우리는 이 책을 다음의 우리 가족들에게 바칩니다.

크리스토퍼 스털링: 나의 아들 알렉산더에게, 역경 중에 용기를.

대니얼 프링스: 루이즈와 캐서린 그리고 애너벨에게, 내 삶에 그들이 가져다준 기쁨에 감사하며.

그림 제공

퀀텀 북스(Quantum Books Limited)는 이 책에 그림을 제공해준 다음 분들에게 감사를 드린다.

7 Shutterstock/CLIPAREA I Custom media; 15 Shutterstock/MadamSaffa; 25 Wikimedia Commons; 27 Shutterstock/Alila Medical Media; 33 Shutterstock/nobeastsofierce; 39 SHEILA TERRY/SCIENCE PHOTO LIBRARY; 43 Shutterstock/stockshoppe; 45 Shutterstock/Iconic Bestiary; 49(TK); 51 Shutterstock/EcoPrint; 55 Nature Reviews Genetics 15, 347-359(2014)/Jeffrey Rogers and Richard A. Gibbs; 57: (left) Wikimedia Commons, (top right) Shutterstock/Kirsten Wahlquist, (bottom right) Shutterstock/Kirsten Wahlquist; 67 Shutterstock/con3d; 73 Shutterstock/RioPatuca; 93 Shutterstock/LuckyN; 123 Shutterstock/racorn; 147: SUSAN KUKL IN/SCIENCE PHOTO LIBRARY; 169, 173 Shutterstock/www.BillionPhotos.com; 193 Shutterstock/Marza; 195 Shutterstock/LanaN;

199 Sam Kellerman; 215 Shutterstock/ellepigraficaok; 221 Dr Elizabeth Sowell/Sowell ER, Thompson PM, Welcome SE, Henkenius AL, Toga AW & Peterson BS. Cortical abnor-malities in children and adolescents with attention deficit hyperactivity disorder. The Lancet, 2003; 362(9397):1699–1707; 223 Shutterstock/Designua; 225 Shutterstock/Cranach.

제공해준 모든 분을 포함하고자 노력했으나, 혹시라도 누락과 실수가 있다면 퀀텀북스가 사과드리며 장차 판을 거듭하면서 적절히 시정해나가겠습니다.